WELT DER ZAHL

3

Herausgegeben von

Prof. Dr. Hans-Dieter Rinkens, Kurt Hönisch

Bearbeitet von

Kurt Hönisch, Michaela Leibetseder, Claudia Neuburg, Prof. Dr. Hans-Dieter Rinkens, Günter Schmitz, Gerhild Träger

Die Ausgabe Bayern wurde erarbeitet von

Karin Baumgartner (Marzling), Gisela Müller (Wertingen), Erich Olbrich (Alzenau), Heike Steiner-Oetterer (Creußen), Gerhard Trausch (Bayreuth)

Unter Beratung von

Ingrid Dröse, Ulrike Xylander, Adalbert Busl, Prof. Dr. Wilhelm Schipper

Schroedel

Inhaltsverzeichnis

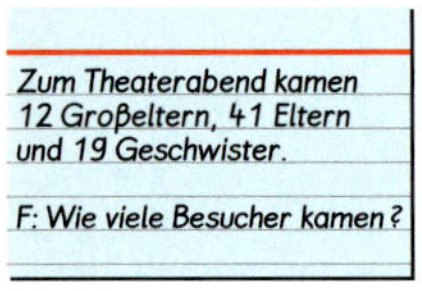

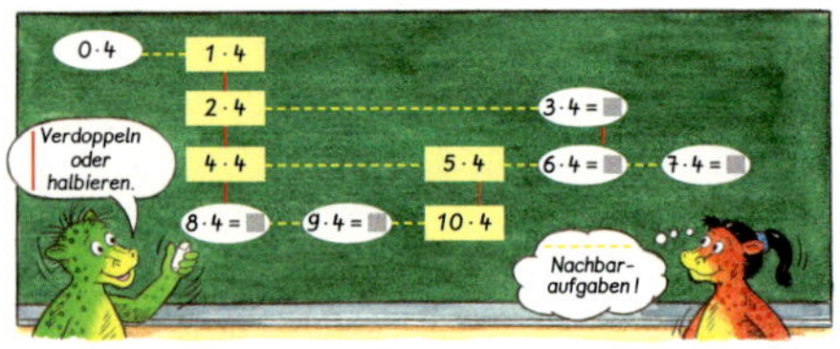

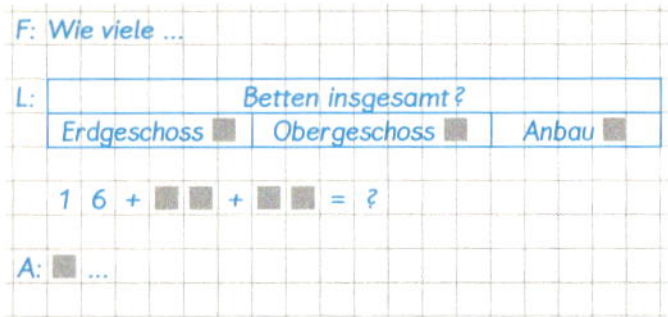

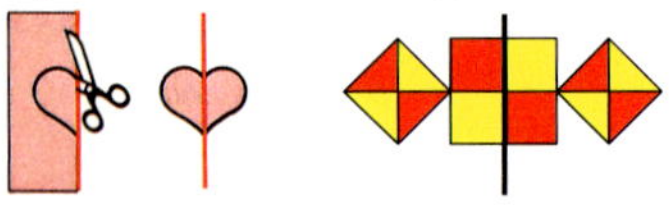

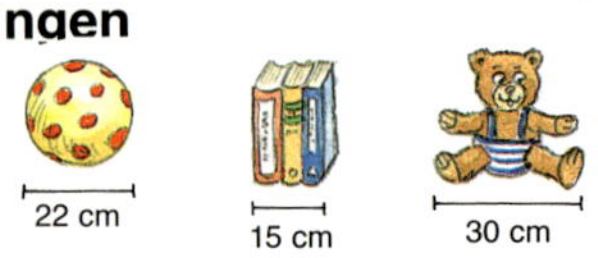

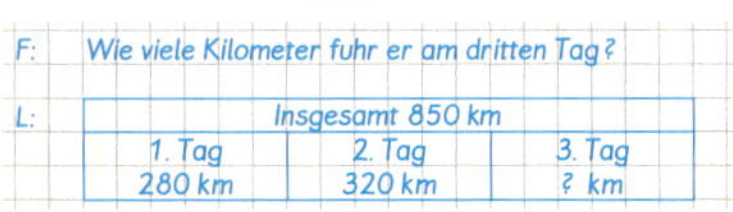

2 Z an, 1 H gemerkt
H Z E
4 7 2
+ 2 5 6
1
2 8

0,39 €
7,50 €
2,49 €
4,49 €
2,99 €
7,50 €

1 H wechseln.
Es bleiben 2 H.
16 Z – 8 Z = 8 Z
H Z E
2
3 16 5
– 1 8 2
8 3

Ich hänge eine 0 an.
Ich auch.

23:08 36

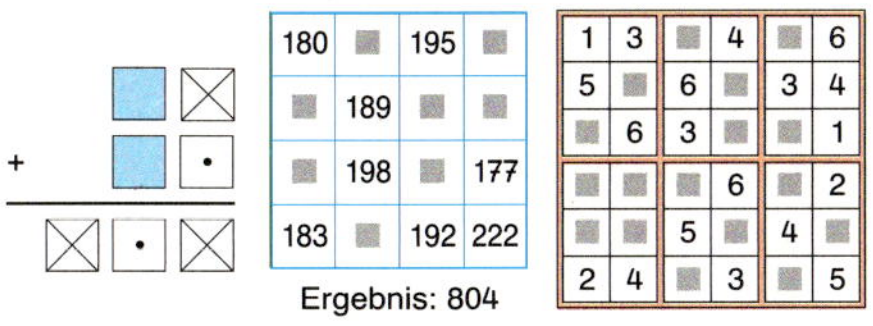

180 195
189
198 177
183 192 222
Ergebnis: 804

In Paule Puhmanns Paddelboot,
da paddeln wir auf See.
Wir paddeln um die halbe Welt,
a-lo-ha-ho-ha-hee!
Guten Tag, auf Wiederseh'n.

1 Die Reise startet in ■.

2 In a) ■, da winkte uns
die b) ■ zu.
Die fragte: „Darf ich mit euch mit?“
„Na klar, was denkst denn du!“
Bom Dia, Adeus!
Guten Tag, auf Wiederseh'n.

3 In a) ■ war es furchtbar heiß,
da stieg der b) ■ zu.
Der brachte Apfelsinen mit,
die aßen wir im Nu.
Buenos dias, hasta la vista!
Guten Tag, auf Wiederseh'n.

1

88 + 8 = 96 D
36 + 6 = ■ ■
90 + 9 = ■ ■
49 + 7 = ■ ■
74 + 4 = ■ ■
95 + 5 = ■ ■
18 + 6 = ■ ■
39 + 1 = ■ ■
28 + 8 = ■ ■
58 + 5 = ■ ■
87 + 9 = ■ ■

2

a)	b)
100 + 8	26 + 10
18 + 10	33 + 30
34 + 30	50 + 40
26 + 30	20 + 60
49 + 50	22 + 20
30 + 40	10 + 30
16 + 20	30 + 6
40 + 0	

3

a)	b)
20 + 28	58 + 50
98 + 10	30 + 12
10 + 26	56 + 40
23 + 40	50 + 14
15 + 30	10 + 18
20 + 22	
10 + 53	

7 *Zahlenrätsel*

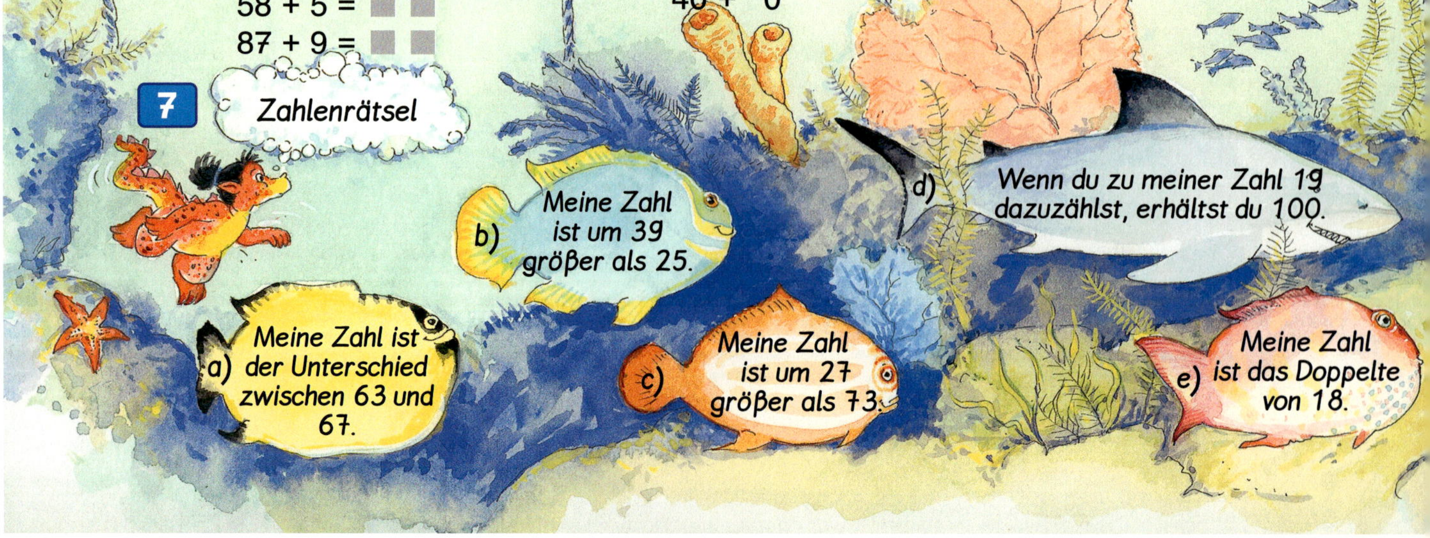

Der Lösungsschlüssel befindet sich auf der hinteren Umschlaginnenseite.

4 Und in a) ■ war'n wir auch,
da kam die b) ■.
Die brachte Tintenfische mit
auf einem großen Teller.
Buon giorno, Arrivederci!
Guten Tag, auf Wiederseh'n.

5 Und rund um den Olivenbaum,
da tanzten wir im Sand.
Wir nahmen den Wasili mit,
das
war in ■.
Kalimera, jassu, jassu!
Guten Tag, auf Wiederseh'n.

6 Dann fuhr'n wir weiter über's Meer,
bis hin
in die a) ■.
Von da an war'n auch b) ■ und
die Ayse mit dabei.
Merhaba, güle, güle!
Guten Tag, auf Wiederseh'n.

Text: Fredrik Vahle

4

a)	b)
52 – 7	66 – 6
65 – 9	41 – 5
44 – 8	73 – 9
12 – 9	54 – 9
51 – 6	70 – 7
45 – 3	50 – 8
12 – 5	48 – 8
	40 – 0
	40 – 4

5

100 – 30
84 – 20
85 – 40
55 – 50
100 – 0
32 – 30
92 – 50
93 – 30
100 – 60
14 – 10
87 – 80
96 – 0

6

a)	b)
86 – 30	66 – 30
91 – 10	84 – 60
74 – 10	90 – 30
94 – 10	62 – 20
65 – 60	96 – 40
79 – 70	

f) *Meine Zahl ist die Hälfte von 18.*

g) *Meine Zahl ist um 57 kleiner als 73.*

h) *Meine Zahl ist um 43 kleiner als 92.*

i) *Meine Zahl erhältst du, wenn du 50 halbierst.*

Alle Ergebnisse sind Quadratzahlen. Eine Quadratzahl fehlt. Findest du ein Zahlenrätsel dazu?

1 a) 24 + 26 b) 29 + 53 c) 48 + 32 d) 24 + 28 e) 55 + 35 f) 69 + 17

46 + 46 23 + 23 55 + 19 47 + 28 33 + 24 39 + 25

46 50 52 57 64 68 74 75 80 82 86 90 92

2

a)	b)	c)
49 + 26	59 + 17	24 + 69
49 + 35	39 + 44	18 + 69
29 + 26	39 + 28	17 + 79
39 + 55	19 + 62	12 + 89
79 + 14	29 + 54	49 + 49

3

a)	b)	c)
26 + 54	36 + 54	75 + 15
37 + 23	49 + 31	42 + 28
28 + 32	45 + 25	36 + 34
32 + 48	13 + 47	27 + 63
14 + 36	22 + 58	44 + 26

4 Hier haben sich Kinder versteckt. Wie heißen sie?

a) 49 + 35
27 + 18
23 + 37

b) 69 + 30
37 + 19
45 + 45

c) 38 + 18
15 + 13
24 + 36

d) 56 + 28
19 + 17
28 + 17

5 Erst schauen,

dann rechnen.

a)	b)	c)	d)
28 + 37 + 2	34 + 34 + 16	26 + 29 + 14	33 + 37 + 29
35 + 48 + 5	23 + 27 + 30	32 + 27 + 13	24 + 42 + 26
59 + 11 + 6	37 + 45 + 13	29 + 14 + 46	15 + 38 + 22
35 + 42 + 8	68 + 26 + 12	26 + 24 + 31	48 + 12 + 14

65 67 69 72 74 75 76 80 81 84 85 88 89 92 95 99 106

6 Das Ergebnis in jedem Waggon kannst du durch 5 teilen.

1

a) 74 – 47	b) 57 – 27	c) 74 – 39	d) 62 – 37	e) 94 – 72	f) 67 – 48
94 – 61	82 – 56	51 – 22	96 – 68	95 – 59	68 – 34
43 – 26	65 – 28	98 – 89	24 – 17	96 – 48	61 – 29

7 9 17 19 22 25 26 27 28 29 30 31 32 33 34 35 36 37 48

2

a) 57 – 27	b) 86 – 76	c) 95 – 35
63 – 23	44 – 24	73 – 23
98 – 48	81 – 51	89 – 49
74 – 14	92 – 52	68 – 38
38 – 18	77 – 37	55 – 25

3

a) 76 – 29	b) 68 – 19	c) 65 – 39
97 – 49	96 – 39	84 – 69
44 – 19	36 – 19	93 – 89
58 – 39	83 – 49	71 – 49
82 – 29	95 – 59	88 – 79

4 Rechne aus. Finde jeweils zwei weitere Aufgaben.

a) 69 – 32	b) 93 – 48	c) 88 – 62	d) 70 – 17	e) 61 – 22	f) 96 – 22
71 – 34	88 – 43	89 – 63	67 – 14	71 – 32	92 – 18
73 – 36	82 – 37	91 – 65	64 – 11	91 – 52	93 – 19

5

a) 35 – 4	b) 44 – 6	c) 26 – 20	d) 49 – 21
35 + 4	44 + 6	26 + 20	49 + 21
e) 36 – 35	f) 54 – 15	g) 49 – 49	h) 46 – 44
36 + 35	54 + 15	49 + 49	46 + 44

0 1 2 6 28 31 38 39 39 40 46 50 69 70 71 90 98

6 In jedem gelben Waggon ist das Ergebnis eine gerade Zahl.

1 Zahline kauft ein Buch für 12 Euro.
Nun hat sie noch 28 Euro.
Wie viel Euro hatte sie vorher?

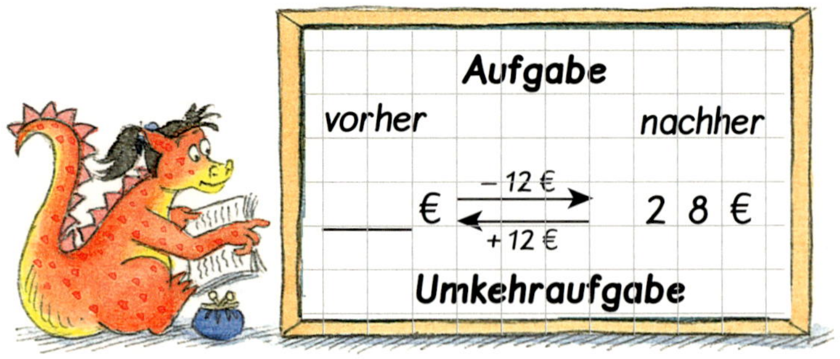

2 a) Elke kauft einen Ball für 14 Euro.
Nun hat sie noch 36 Euro.

b) Alexander kauft für 25 Euro ein.
Nun hat er noch 40 Euro.

3 Löse mit der Umkehraufgabe.

a) ■ $\underset{+13}{\overset{-13}{\rightleftarrows}}$ 42 ■ $\underset{+15}{\overset{-15}{\rightleftarrows}}$ 59

b) ■ $\underset{+9}{\overset{-9}{\rightleftarrows}}$ 27 ■ $\underset{+16}{\overset{-16}{\rightleftarrows}}$ 16

c) ■ $\underset{+27}{\overset{-27}{\rightleftarrows}}$ 23 ■ $\underset{+38}{\overset{-38}{\rightleftarrows}}$ 18

d) ■ $\underset{+83}{\overset{-83}{\rightleftarrows}}$ 2 ■ $\underset{+11}{\overset{-11}{\rightleftarrows}}$ 1

12 32 36 37 50 55 56 74 85

4 a) Tobias erhält von seiner Tante 15 Euro. Nun hat er 32 Euro.
b) Sylvia erhält von ihrem Onkel 25 Euro. Nun hat sie 41 Euro.

Vorher?

5 a) ■ $\underset{-27}{\overset{+27}{\rightleftarrows}}$ 50 ■ $\underset{-32}{\overset{+32}{\rightleftarrows}}$ 60

b) ■ $\underset{-32}{\overset{+32}{\rightleftarrows}}$ 74 ■ $\underset{-24}{\overset{+24}{\rightleftarrows}}$ 54

c) ■ $\underset{-18}{\overset{+18}{\rightleftarrows}}$ 25 ■ $\underset{-35}{\overset{+35}{\rightleftarrows}}$ 61

d) ■ $\underset{-33}{\overset{+33}{\rightleftarrows}}$ 34 ■ $\underset{-0}{\overset{+0}{\rightleftarrows}}$ 44

1 7 10 23 26 28 30 42 44

6 Thomas kauft ein Buch für 12 Euro. Dann hat er noch 17 Euro in der Geldbörse.

---

7 a) Vorher | Nachher

72 € $\xrightarrow{-■ €}$ 51 €

b) Vorher | Nachher

73 € $\xrightarrow{-■ €}$ 32 €

8 Wie heißt der Rechenbefehl?

a) 70 → 61
70 → 59
70 → 55

b) 63 → 56
63 → 50
63 → 51

c) 96 → 88
96 → 80
96 → 79

d) 51 → 41
51 → 31
51 → 32

−5 −7 −8 −9 −10 −11 −12 −13 −15 −16 −17 −19 −20

9 a) 65 → 85
65 → 90
65 → 92

b) 14 → 44
14 → 38
14 → 31

c) 52 → 74
52 → 75
52 → 78

d) 19 → 50
19 → 52
19 → 54

+17 +20 +22 +23 +24 +25 +26 +27 +30 +31 +33 +35 +37

10 a)

vorher	54	100	72	85	64
nachher	34	79	27	58	46

b)

vorher	36	25	100	99	51
nachher	7	9	14	95	45

Basset „Töffel"

Bernhardiner „Max"

Zwergschnauzer „Tristan"

Chihuahua „Herkules"

1 a) Wie groß ist Max?
b) Wie groß sind die anderen Hunde?

2 a) Max ist viel größer als Töffel. Berechne den Unterschied.
b) Max ist auch größer als Tristan.

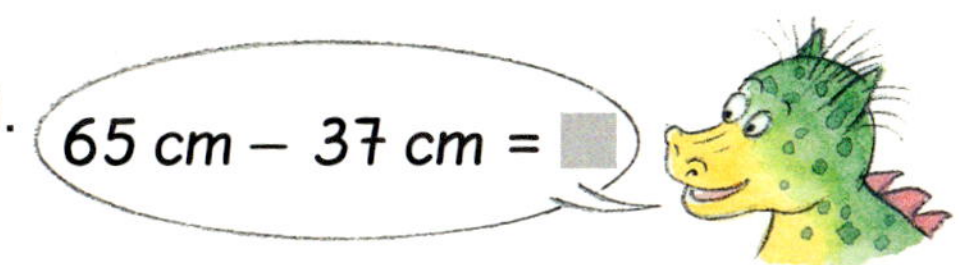

3 Herkules ist kleiner als Tristan. Berechne den Unterschied.

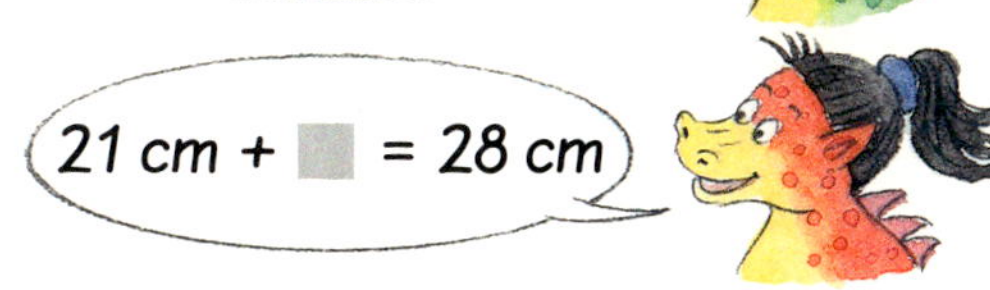

4 Vergleiche auch die anderen Hunde ihrer Größe nach.

5 Berechne den Unterschied. Welcher Rechenweg ist jeweils günstiger?

62 68
U: 62 + ▢ = 68

54 38
U: 54 – 38 = ▢

a) 59 52 | 9 56 | 88 94
b) 30 6 | 57 63 | 54 59
c) 58 51 | 5 52 | 73 10
d) 72 65 | 7 99 | 70 59
e) 76 8 | 86 79 | 4 34

6

7

1

2

3

4

5

6 Es gibt neun Fünfertürme, in denen oben 50 steht. Schreibe die passenden fünf Türme von dieser Seite auf. Kannst du noch die fehlenden vier Türme finden?

Rechentürme-Regel: Zwei übereinander stehende Zahlen zusammenzählen, Ergebnis darüber notieren

Ⓐ Wie viele Kinder sind heute gekommen?

Ⓑ Wie viele Mädchen spielen mit?

Ⓒ Wie viel Euro hat die Klasse 3a heute eingenommen?

Ⓓ Wie viele Erwachsene kamen gestern zur Vorstellung?

Ⓔ Um wie viel Uhr ist die Vorstellung aus?

Ⓕ In welchem Land liegt die Partnerschule?

Ⓖ Welcher Wochentag war gestern?

Ⓗ Wie lange haben die Kinder insgesamt geprobt?

Ⓘ Haben die Kinder genügend Stühle aufgestellt?

1 Ordne die Fragen zu.

a) Diese Fragen kann ich gleich beantworten.

b) Diese Fragen kann ich erst beantworten, wenn ich weitere Angaben erhalte.

c) Diese Fragen kann ich erst beantworten, wenn ich gerechnet habe.

2 Löse die Aufgaben zu den Fragen von 1c). Schreibe jeweils auch den Antwortsatz.

3 Denkt euch selbst weitere Aufgaben und Fragen zur Theateraufführung aus.

Kartei

Am Freitag wurden 56 € eingenommen.
Es kamen 20 Erwachsene zur Aufführung.

Puppen basteln

Die Kinder der Klasse 3a basteln im Werkunterricht Stabpuppen. Antonia ist eines von 12 Mädchen, außerdem gehören in die Klasse 3a noch Sebastian, Elias und elf weitere Jungen. Antonia, Sebastian und Elias wollen zusammen basteln.
Es gibt große Stabpuppen und kleine Stabpuppen. Die großen Stabpuppen brauchen einen 37 cm langen Stab, die kleinen einen mit 26 cm Länge. Antonia will eine Prinzessin basteln, Marcel einen Ritter und Sebastian einen Räuber. Die Lehrerin gibt ihnen einen 1 m langen Stab.
Sebastian und Elias wollen unbedingt eine große Puppe basteln, Antonia ist die Größe nicht so wichtig.

Rechenfrage

1 Zwei der Fragen sind als Rechenfragen geeignet. Schreibe die beiden Fragen auf verschiedene Seiten in dein Heft.
① Welche Stabpuppe würde dir am besten gefallen?
② Wie viele Kinder gehören zur Klasse 3a?
③ Wie teuer ist es, drei Stabpuppen zu basteln?
④ Wie groß wird die Puppe von Antonia?

Wichtige Angaben

2 Nicht alle Wörter und Zahlen sind zum Ausrechnen wichtig. Welche Angaben sind für die beiden Rechenfragen wichtig? Schreibe sie in dein Heft unter die Rechenfragen.
A) Antonia ist eines von 12 Mädchen.
B) Ein Stab ist 1 m lang.
C) Große Puppe: 37 cm langer Stab.
D) Zur 3a gehören Sebastian, Elias und elf weitere Jungen.
E) Kleine Puppe: 26 cm langer Stab.
F) Antonia: Prinzessin, Elias: Ritter, Sebastian: Räuber
G) Sebastian und Elias wollen große Puppen basteln.

Lösung

Streifenmodell

3 Welches Streifenmodell passt zu welcher Rechenfrage? Übertrage sie in dein Heft zu den Rechenfragen. Rechne dann aus.

ⓐ

100 cm		
37 cm	37 cm	?

37 cm + 37 cm + ? = 100 cm

ⓑ

?		
1 2	2	1 1

12 + 2 + 11 = ?

Rechnung

4 Vergleiche. Welche Ergebnisse können nicht stimmen? Begründe.

ⓐ *Antonia große Puppe 74 cm lang*

ⓑ *Antonia kleine Puppe 26 cm lang*

ⓒ *Klasse 3a 25 Kinder*

ⓓ *Klasse 3a 52 Kinder*

Ergebnis überprüfen Antwort

5 Schreibe zu jeder Rechenfrage einen Antwortsatz.

A

Neudorf. Die Klasse 3a der Grundschule am Berg war in den letzten Wochen sehr fleißig: Puppen wurden gebastelt und ein Theaterstück eingeübt. Am letzten Wochenende fanden zwei Aufführungen statt.
Am Freitag wurden 48 € und am Samstag sogar 51 € für die Partnerschule eingenommen. Die Zuschauer waren begeistert vom

B

	Erwachsene	Kinder
Freitag	17	14
Samstag	18	15

Kasse: Freitag: Antonia, Sebastian
Samstag: Stefanie, Elias
Beginn: 19.45 Uhr Ende:

1 Wie viel Geld konnte der Partnerschule überwiesen werden?

2 Wie viele Zuschauer kamen insgesamt?

3 Wie viel Geld wurde in den beiden letzten Jahren überwiesen?

4 Wie viele Omas und Opas kamen zur Vorführung?

1 Was kannst du jeweils durch Rechnen herausfinden? Schreibe die beiden Rechenfragen auf zwei gegenüberliegende Seiten in dein Heft.

Rechenfrage

2 Welche Angaben sind zum Lösen wichtig? Schreibe sie in dein Heft unter die Rechenfragen.

Wichtige Angaben

3 Zeichne die richtigen Streifenmodelle zu den Rechenfragen.

(a)

?			
17	■	■	■

(b)

?	
48	■

Lösung

4 Schreibe unter die Streifenmodelle die Rechenaufgabe und löse sie.

Streifenmodell

Rechnung

5 Schreibe jeweils einen Antwortsatz. Überlege: Kann dein Ergebnis stimmen?

Ergebnis überprüfen
Antwort

6 Kartei

A

Zum Theaterabend kamen 12 Großeltern, 41 Eltern und 19 Geschwister.
F: Wie viele Besucher kamen insgesamt?

B

Am Theaterabend wurden mit dem Verkauf von Brötchen 37 € und von Getränken 25 € eingenommen.
F: Wie viel Euro wurden mit Essen und Trinken eingenommen?

C

Der Theaterabend begann um 18.30 Uhr und endete um 20.00 Uhr. Dazwischen war eine halbe Stunde Pause.
F: Wie lange dauerte die Vorführung?

a) Die Kinder haben diese Ergebnisse herausbekommen. Welche Ergebnisse können nicht stimmen? Welche Fehler haben die Kinder gemacht? Begründe.

A1	72 Besucher	B1	12 €	C1	1 Stunde
A2	27 Besucher	B2	62 €	C2	2 Stunden

b) Überprüfe selbst durch Nachrechnen.

1 Welche Fragen kannst du beantworten?

a) Wie viele Mädchen sind in Lauras Klasse?

b) Wie viele Jungen sind in Lauras Klasse?

c) Sind in der Klasse 3b mehr oder weniger Mädchen als in Lauras Klasse?

d) In welcher Klasse sind die meisten Mädchen?

e) In welcher Klasse sind die meisten Jungen?

f) In welchen Klassen gibt es mehr Mädchen als Jungen?

g) Wie viele Freundinnen hat Laura in ihrer Klasse?

h) Wie viele Jungen sind in der Klasse 4a?

i) Wie viele Mädchen sind in der Klasse 4b?

j) Sind in der Klasse 4c mehr oder weniger Jungen als in der Klasse 4b?

k) Wie alt ist Lauras Mutter?

2 a)

F: Wie viele Kinder sind in der Klasse 3a?

L: ?
9 | ■

9 + ■ = ?

A: ■■ Kinder sind in der Klasse 3a.

b)

Rechenfrage

Wichtige Angaben

Lösung

Streifenmodell

Rechnung

Ergebnis überprüfen

Antwort

3 a)

F: Wie viele Jungen ...

L: ?
9 | 13 | ■

9 + 13 + ■ = ?

A:

b)

4 a)

F: Wie viele Jungen ...

L:

■ +

A:

b)

Kartei

5 Wie ist es an eurer Schule? Schreibt die Zahlen für die dritten und vierten Klassen auf. Stellt euch gegenseitig Fragen.

Sachrechnen

Das ist Jane. Sie ist acht Jahre alt. Sie geht in die Klasse 3 der Grundschule von Manningtree, England. Mit fünf Jahren kam sie in die Schule. Ein Jahr später kam sie in die Klasse 1.
Jeden Morgen zieht Jane ihre Schuluniform an. Um 8.00 Uhr geht sie mit ihrem Bruder Kevin zur Bushaltestelle. Der Bus bringt die Kinder zur Schule.
Kevin ist elf Jahre alt und besucht die Klasse 6. Er wird nach den Sommerferien in die High School wechseln.

Janes School

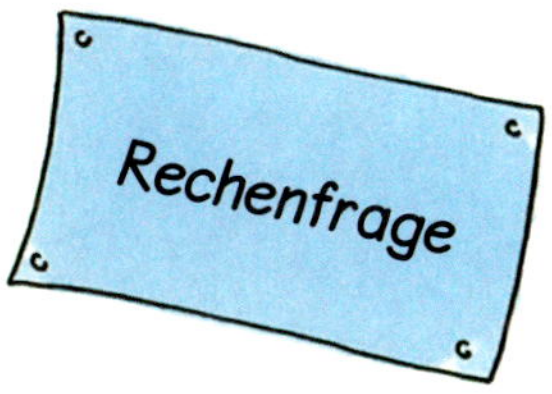

1

a) Wie alt ist Jane zur Zeit?

b) Wie alt sind die englischen Kinder, wenn sie in die Schule kommen?

c) Wie alt war Jane, als sie in die Klasse 1 kam?

d) Wie alt ist Janes Bruder Kevin?

e) Wie viele Jahre gehen die englischen Kinder in die Grundschule?

So sieht Janes Stundenplan am Montag aus.

Time	Monday
8.50 – 10.30	Maths

10.45 – 12.15	English

13.10 – 15.05	Science

2

a) Um wie viel Uhr beginnt Janes Unterricht?

b) Um wie viel Uhr beginnt Janes Mittagpause?

c) Um wie viel Uhr endet für Jane der Unterricht?

3

F: Wie lange dauert die Mittagspause?

L: Von 12.15 Uhr bis 13.00 Uhr
■■ Minuten

Von 13.00 Uhr bis 13.10 Uhr
■■ Minuten

A: ■■ Minuten dauert die Mittagspause.

4 **F**rage – **L**ösung – **A**ntwort.

a) Wie lange dauert der Mathematikunterricht?

b) Wie lange dauert der Englischunterricht?

c) Wie lange dauern beide Pausen?

d) Wie lang ist der ganze Schultag?

5 10 Minuten nach Unterrichtsende fährt Janes Bus an der Schule los. Um 15.45 Uhr ist sie wieder zu Hause. Wie lange braucht sie für den Heimweg?

6 Am Mittwochabend geht Jane noch zum Basketball-Training. Das Training ist um 19.00 Uhr zu Ende. Es dauert 90 Minuten. Wann beginnt Janes Basketball-Training?

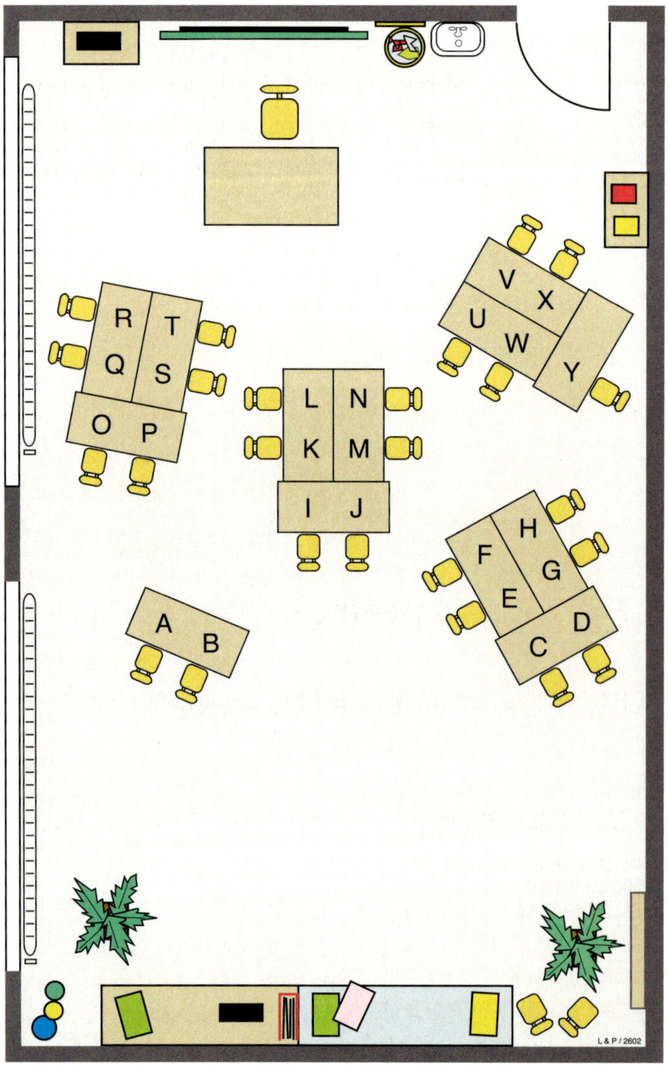

1 In dem unteren Bild schaust du genau von oben auf die Dinge. Vergleiche die beiden Bilder. Welche Dinge erkennst du wieder? Zeige: das Pult, das Regal, die Fenster, die Tafel, das Waschbecken, die Tür, den Papierkorb, den Zweiertisch, die Heizkörper. Welche Dinge fehlen, welche sind dazu gekommen?

2 Wo sitzen die Kinder?
Schreibe so: *a) Gregor: R*

a) Gregor sitzt an dem Gruppentisch beim Fenster mit dem Rücken zur Heizung. Rechts neben ihm sitzt Johannes. Genau gegenüber von Johannes sitzt Paul.

b) Artur sitzt in der Türgruppe. Rechts von ihm sitzt Sabine allein am Tisch. Ihm direkt gegenüber sitzt Bernd.

c) Ines sitzt links am Zweiertisch. Rechts neben ihr sitzt Angela.

Im Klassenzimmer der 3b hängt dieser Fluchtwegeplan.
Er zeigt, wohin die Kinder bei Feueralarm gehen sollen. Beschreibe den Weg.

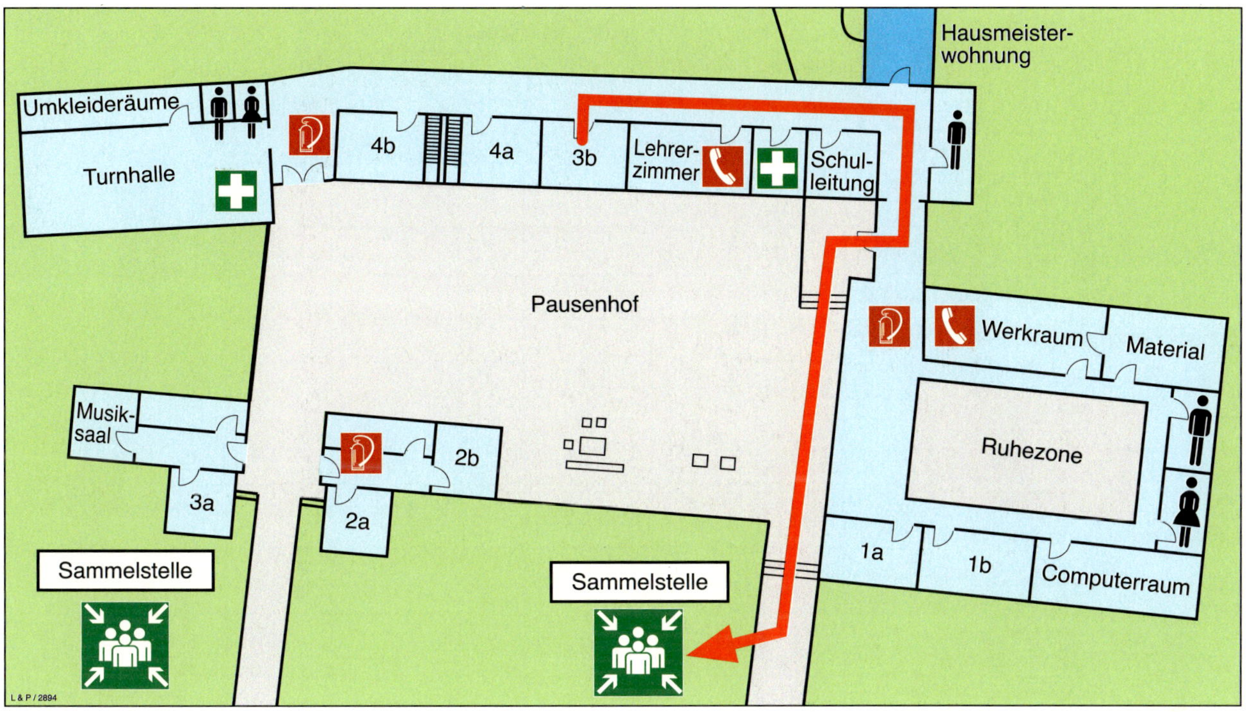

1 Mit solchen Schildern ist der Fluchtweg besonders gekennzeichnet.
Was bedeuten die Zeichen?

a) 
b) 
c) 
d) 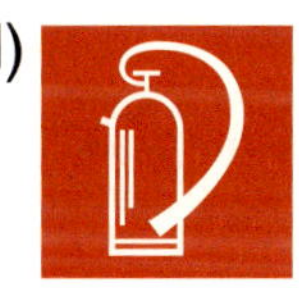
e) 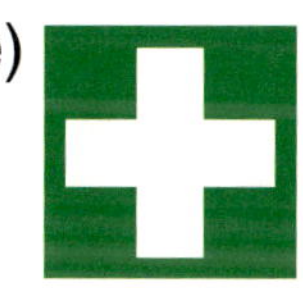

2 Findest du in deinem Schulhaus auch solche Schilder?

3 Wo ist in dem Plan des Schulgebäudes
a) ein Feuerlöscher?
b) eine Stelle für die erste Hilfe?
c) eine Brandmeldestelle?
d) eine Sammelstelle?

4 Beschreibe den Fluchtweg aus deinem Klassenzimmer.

5 An welchen Stellen in dem Fluchtwegeplan können die Schilder a) und b) angebracht sein?

6 Zeige und beschreibe, welche Fluchtwege bei Feueralarm sinnvoll sind.
a) Die Klasse 4a ist in ihrem Klassenzimmer.
b) Die Klasse 2a ist im Musiksaal.
c) Die Klasse 1b ist im Computerraum.
d) Die Klasse 3a hat Werken.
e) Egon aus der 1a ist gerade auf dem WC.
f) Der Schulleiter geht zuletzt.
g) Herr Burger ist Lehrer in der 4b.
h) Die Klasse 2b hat Sport.
i) Im Lehrerzimmer sitzen zwei Lehrer.
j) Der Hausmeister gießt die Blumen in der Ruhezone.

Einmaleins

1 Diese Aufgaben sollst du auswendig können.

a) Rechne alle Malaufgaben mit 5.

b) Rechne alle Malaufgaben mit 2.

c) Rechne alle Quadrataufgaben.

d) Rechne alle Malaufgaben mit 10.

·	1	2	3	4	5	6	7	8	9	10
1	1 · 1	1 · 2	1 · 3	1 · 4	1 · 5	1 · 6	1 · 7	1 · 8	1 · 9	1 · 10
2	2 · 1	2 · 2	2 · 3	2 · 4	2 · 5	2 · 6	2 · 7	2 · 8	2 · 9	2 · 10
3	3 · 1	3 · 2	3 · 3		3 · 5					3 · 10
4	4 · 1	4 · 2		4 · 4	4 · 5					4 · 10
5	5 · 1	5 · 2	5 · 3	5 · 4	5 · 5	5 · 6	5 · 7	5 · 8	5 · 9	5 · 10
6	6 · 1	6 · 2			6 · 5	6 · 6				6 · 10
7	7 · 1	7 · 2			7 · 5		7 · 7			7 · 10
8	8 · 1	8 · 2			8 · 5			8 · 8		8 · 10
9	9 · 1	9 · 2			9 · 5				9 · 9	9 · 10
10	10 · 1	10 · 2	10 · 3	10 · 4	10 · 5	10 · 6	10 · 7	10 · 8	10 · 9	10 · 10

2

a)

5 · 6 = ■ ■ : 6 = 5

6 · 5 = ■ ■ : 5 = 6

Das Maldurch

Drei Zahlen im Kopf –
vier Aufgaben im Bauch,
das ist das Maldurch,
das schaffst du auch.

b) 

c) 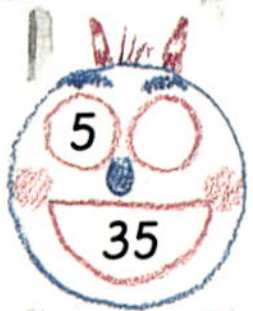

d) 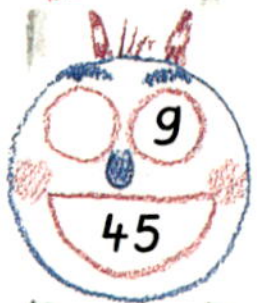

e) 

f) 

3 Aufgabe

■ —: 5→ 6
■ ←· 5— 6

Umkehraufgabe

a) ■ —: 2→ 9 (←· 2—)

■ —: 10→ 7 (←· 10—)

b) ■ —: 5→ 8 (← ■ —)

■ —: 2→ 6 (← ■ —)

c) ■ —: 10→ 5 (← ■ —)

■ —: 5→ 9 (← ■ —)

4

a) : 10 →

30	■
■	6
90	■

b) : 5 →

■	1
15	■
■	8

c) : 2 →

16	■
■	7
■	5

d) : 5 →

■	5
■	9
10	■

1 Kernaufgaben und ihre Nachbaraufgaben.

a) (6 · 3)

5 · 3 = ▢
6 · 3 = ▢

b) (4 · 7)

5 · 7 = ▢
4 · 7 = ▢

2 Von den Kernaufgaben zu den Nachbaraufgaben.

a)	b)	c)
5 · 4	2 · 8	8 · 3
6 · 4	3 · 8	9 · 3
7 · 4	4 · 8	10 · 3

d)	e)	f)
6 · 7	2 · 3	4 · 6
7 · 7	3 · 3	5 · 6
8 · 7	4 · 3	6 · 6

3

a)	b)	c)	d)	e)
20 : 5	18 : 2	50 : 10	25 : 5	100 : 10
45 : 5	14 : 2	30 : 10	50 : 5	10 : 5
40 : 5	12 : 2	40 : 10	15 : 5	8 : 2
35 : 5	20 : 2	70 : 10	30 : 5	5 : 5

4 Malaufgaben zusammensetzen und zerlegen.

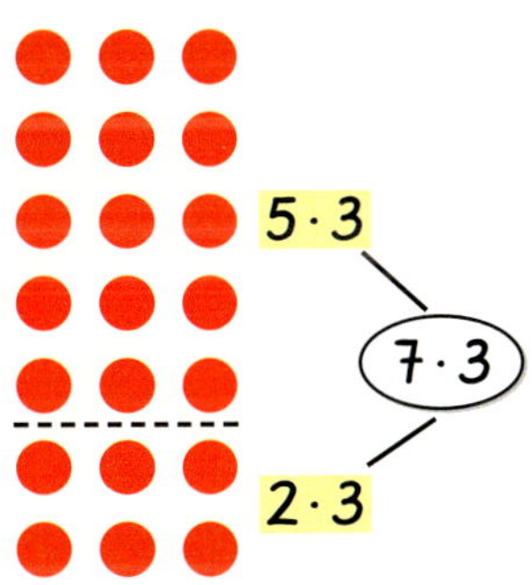

a)
2 · 6 + 2 · 6 = ▢ · 6 = ▢
5 · 8 + 2 · 8 = ▢ · 8 = ▢
2 · 3 + 2 · 3 = ▢ · 3 = ▢
5 · 4 + 2 · 4 = ▢ · 4 = ▢

b)
2 · 4 + 5 · 4 = ▢ · 4 = ▢
10 · 9 − 2 · 9 = ▢ · 9 = ▢
5 · 7 + 2 · 7 = ▢ · 7 = ▢
10 · 3 − 2 · 3 = ▢ · 3 = ▢

5 Von Kernaufgaben zu anderen Malaufgaben.

1 · 9 = ▢
2 · 9 = ▢ — 3 · 9 = ▢
4 · 9 = ▢ — 5 · 9 = ▢ — 6 · 9 = ▢ — 7 · 9 = ▢
8 · 9 = ▢ — 9 · 9 = ▢ — 10 · 9 = ▢

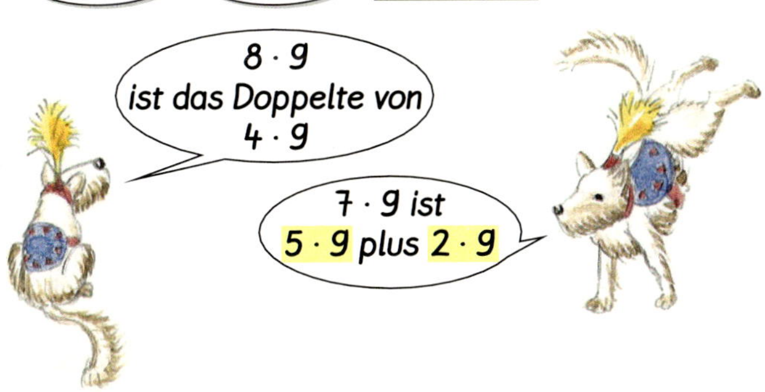

6

a)	b)
3 · 7 + 5	6 · 4 + 4
5 · 9 − 8	8 · 7 − 6
3 · 6 + 4	10 · 5 − 5
9 · 9 − 7	6 · 0 + 3

c)	d)
36 : 6 − 5	16 : 4 + 8
40 : 8 + 5	15 : 3 + 4
49 : 7 − 2	45 : 9 + 6
30 : 6 + 8	30 : 5 − 3

1 Wie viele Räder sind es?
Schreibe zu jedem Bild die Malaufgabe und rechne aus.

a)

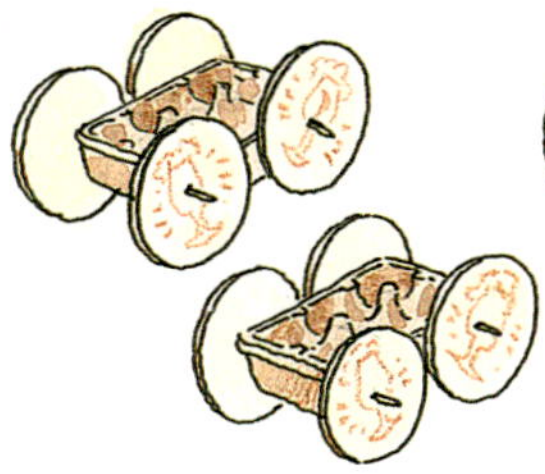

b)

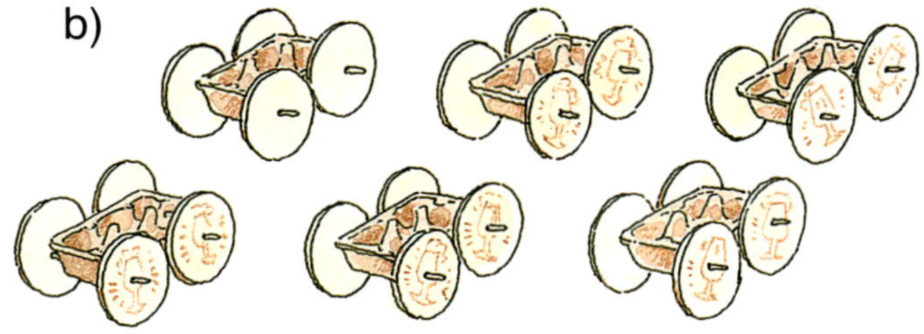

2 Wer die Kernaufgaben kennt, kann auch andere Aufgaben ausrechnen.

a)

6 · 4 =

b)

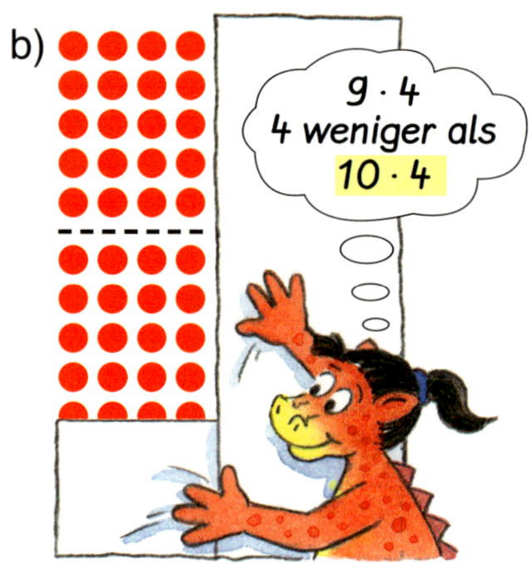

9 · 4 =

c)

7 · 4 =

Merkheft

1 · 4
2 · 4
3 · 4
4 · 4
5 · 4
6 · 4
7 · 4
8 · 4
9 · 4
10 · 4

3

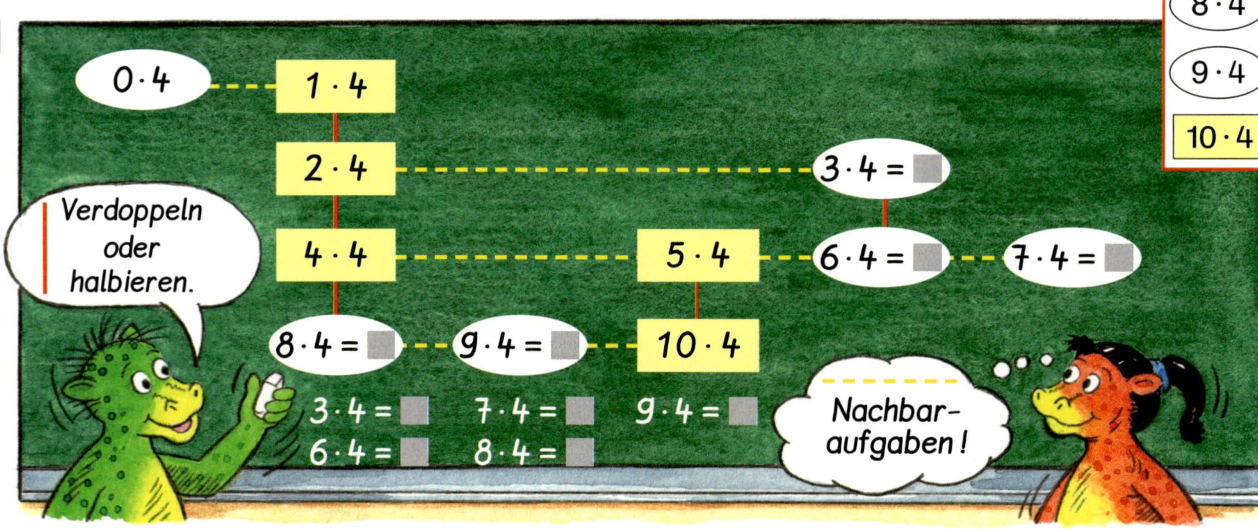

4

•	1	2	3	4	5	6	7	8	9	10
1	1	2	3	4	5	6	7	8	9	10
2	2	4	6	8	10	12	14	16	18	20
3	3	6	9		15					30
4	4	8		16	20					40
5	5	10	15	20	25	30	35	40	45	50
6	6	12			30	36				60
7	7	14			35		49			70
8	8	16			40			64		80
9	9	18			45				81	90
10	10	20	30	40	50	60	70	80	90	100

a) Rechne alle Malaufgaben der Vierer-Reihe.

b) Rechne auch die Tauschaufgaben.

1 a) $6 \cdot 4$ $3 \cdot 4$ b) $10 \cdot 4$ $8 \cdot 4$ c) $9 \cdot 4$ $1 \cdot 4$ d) $2 \cdot 4$ $4 \cdot 4$ e) $5 \cdot 4$ $7 \cdot 4$

2 Denke an die Tauschaufgabe!

a) $4 \cdot 6$ $4 \cdot 7$ b) $4 \cdot 3$ $4 \cdot 5$ c) $4 \cdot 8$ $4 \cdot 9$ d) $4 \cdot 2$ $4 \cdot 0$ e) $4 \cdot 4$ $4 \cdot 10$

3 a)

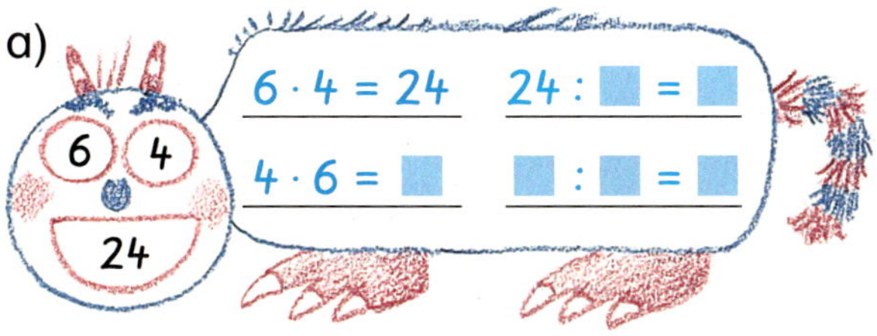

b)

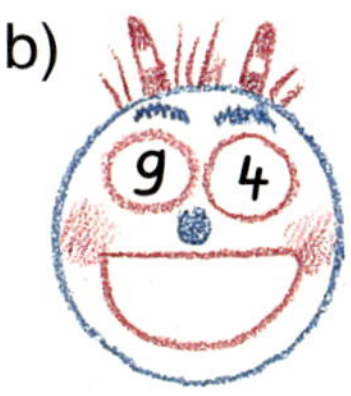

c)

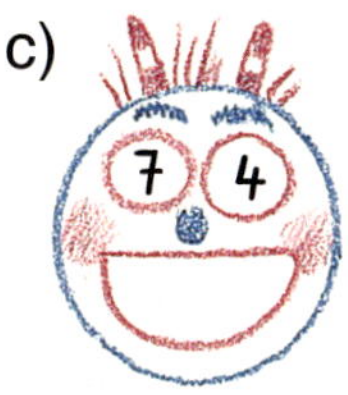

d)

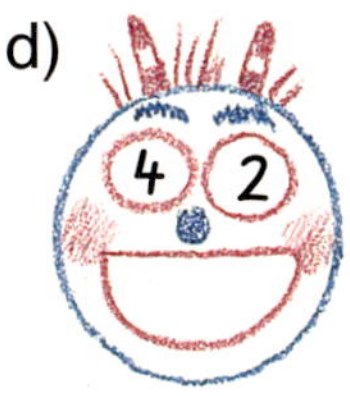

4 a)

b)

c)

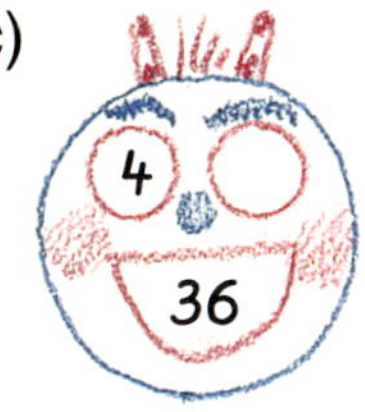

d)

e)

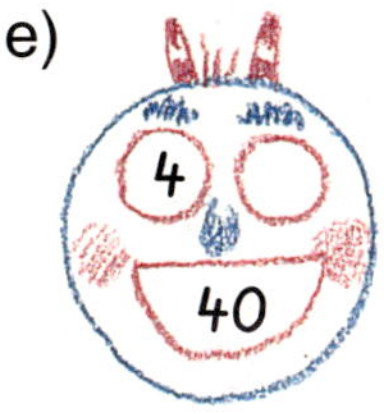

5 Welche Zahlen gehören zur Vierer-Reihe?
Schreibe die Malaufgabe mit ihrer Umkehraufgabe dazu.

10 16 20 36 32 8 14 28 18 24

6 a) $40 : 4$ $8 : 4$ b) $24 : 4$ $4 : 4$ c) $12 : 4$ $28 : 4$ d) $36 : 4$ $20 : 4$ e) $32 : 8$ $28 : 7$

7 a) ■ $\cdot 4 = 8$ ■ $\cdot 4 = 4$ b) ■ $\cdot 4 = 32$ ■ $\cdot 4 = 16$ c) ■ $\cdot 4 = 40$ ■ $\cdot 4 = 20$ d) ■ $\cdot 4 = 24$ ■ $\cdot 4 = 12$ e) ■ $\cdot 4 = 28$ ■ $\cdot 4 = 36$

8

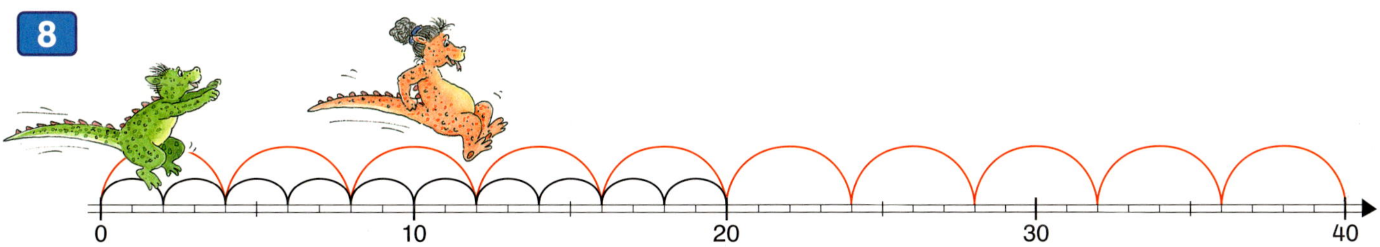

Zahlix macht Zweier-Sprünge. Zahline macht Vierer-Sprünge.
Bei welchen Zahlen landen sie?

9 Die Malaufgaben sind verdoppelt. Was stellst du bei den Ergebnissen fest?

a) $1 \cdot 2 =$ ■ $1 \cdot 4 =$ ■
b) $2 \cdot 2 =$ ■ $2 \cdot 4 =$ ■
c) $3 \cdot 2 =$ ■ $3 \cdot 4 =$ ■
d) $4 \cdot 2 =$ ■ $4 \cdot 4 =$ ■
e) $5 \cdot 2 =$ ■ $5 \cdot 4 =$ ■
f) $6 \cdot 2 =$ ■ $6 \cdot 4 =$ ■
g) $7 \cdot 2 =$ ■ $7 \cdot 4 =$ ■
h) $8 \cdot 2 =$ ■ $8 \cdot 4 =$ ■
i) $9 \cdot 2 =$ ■ $9 \cdot 4 =$ ■
j) $10 \cdot 2 =$ ■ $10 \cdot 4 =$ ■

1 Die Kinder basteln Sterne. Wie viele Zacken sind es? Schreibe zu jedem Bild die Malaufgabe und rechne aus.

a) 

b) 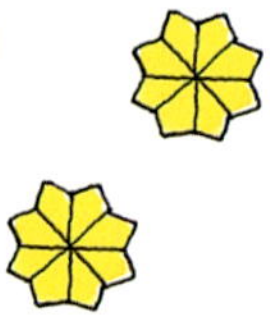

c) 

2 Finde Lösungswege für die neuen Aufgaben der Achter-Reihe.

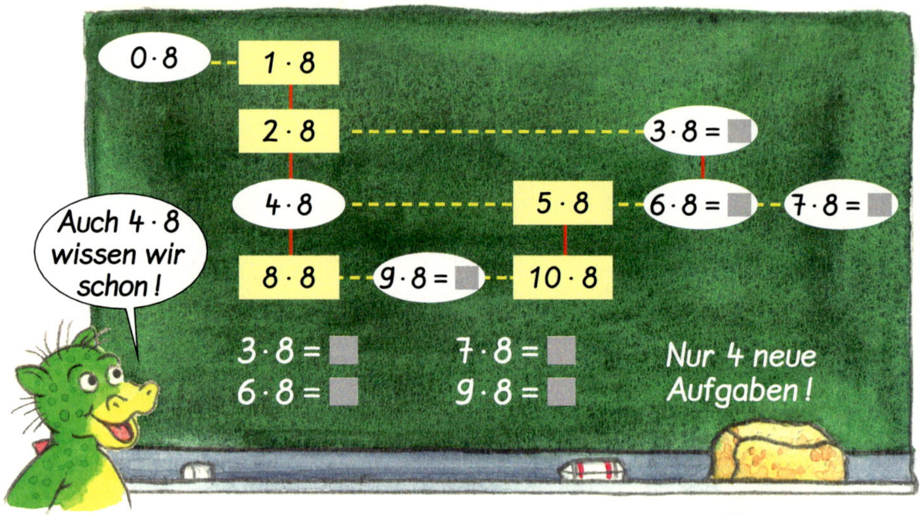

3 a) Rechne alle Malaufgaben der Achter-Reihe.

•	1	2	3	4	5	6	7	8	9	10
1	1	2	3	4	5	6	7	8	9	10
2	2	4	6	8	10	12	14	16	18	20
3	3	6	9	12	15					30
4	4	8	12	16	20	24	28	32	36	40
5	5	10	15	20	25	30	35	40	45	50
6	6	12		24	30	36				60
7	7	14		28	35		49			70
8	8	16		32	40			64		80
9	9	18		36	45				81	90
10	10	20	30	40	50	60	70	80	90	100

b) Rechne auch die Tauschaufgaben.

4 a) 7 · 8   3 · 8   1 · 8
b) 6 · 8   4 · 8   2 · 8
c) 9 · 8   5 · 8   0 · 8

d) 8 · 9   8 · 5   8 · 0
e) 8 · 4   8 · 7   8 · 6

Merkheft

1 · 8
2 · 8
3 · 8
4 · 8
5 · 8
6 · 8
7 · 8
8 · 8
9 · 8
10 · 8

5 a) 

b) 

c) 

d) 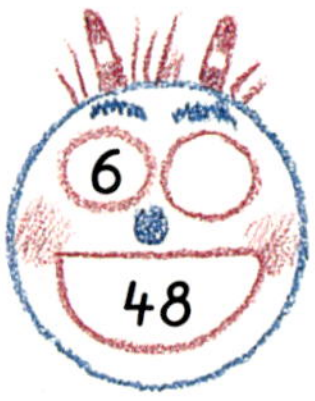

6 Welche Zahlen gehören zur Achter-Reihe? Schreibe die Malaufgabe mit ihrer Umkehraufgabe dazu.

16   28   32   36   40   56   64   78   48   80

7 a) 32 : 8   40 : 8
b) 16 : 8   80 : 8
c) 24 : 8   56 : 8
d) 72 : 8   64 : 8
e) 8 : 8   48 : 8

8 Zusammenhänge zwischen Zweier-, Vierer- und Achter-Reihe:

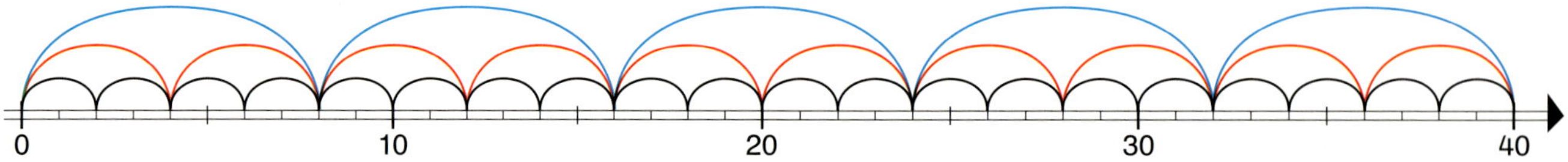

a) 16 = ▢ · 2   16 = ▢ · 4   16 = ▢ · 8
b) 8 = ▢ · 2   8 = ▢ · 4   8 = ▢ · 8
c) 24 = ▢ · 2   24 = ▢ · 4   24 = ▢ · 8
d) 32 = ▢ · 2   32 = ▢ · 4   32 = ▢ · 8
e) 40 = ▢ · 2   40 = ▢ · 4   40 = ▢ · 8

Einmaleins mit 3

1 Mit wie vielen Bällen spielen die Kinder?
Schreibe die Malaufgaben und rechne aus.

7 · 3 = ▢

2 · 3 = ▢   5 · 3 = ▢

2 Finde Lösungswege für die neuen Aufgaben der Dreier-Reihe.

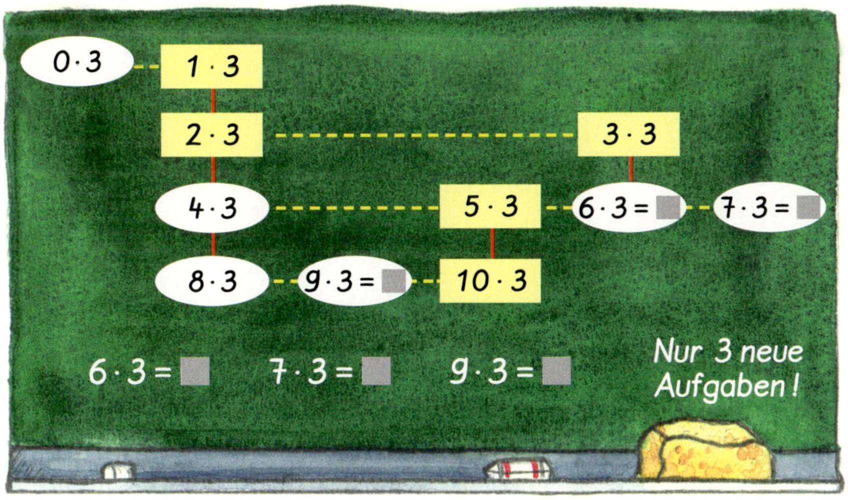

3 a) Rechne alle Malaufgaben der Dreier-Reihe.

·	1	2	3	4	5	6	7	8	9	10
1	1	2	3	4	5	6	7	8	9	10
2	2	4	6	8	10	12	14	16	18	20
3	3	6	9	12	15			24		30
4	4	8	12	16	20	24	28	32	36	40
5	5	10	15	20	25	30	35	40	45	50
6	6	12		24	30	36		48		60
7	7	14		28	35		49	56		70
8	8	16	24	32	40	48	56	64	72	80
9	9	18		36	45			72	81	90
10	10	20	30	40	50	60	70	80	90	100

b) Rechne auch die Tauschaufgaben.

4

a)	b)	c)	d)	e)
4 · 3	5 · 3	9 · 3	3 · 2	3 · 10
3 · 3	8 · 3	7 · 3	3 · 0	3 · 6

Merkheft

1 · 3
2 · 3
3 · 3
4 · 3
5 · 3
6 · 3
7 · 3
8 · 3
9 · 3
10 · 3

5 a)

b)

c)

d)

6

a)	b)	c)	d)
▢ · 3 = 18	7 · ▢ = 21	3 · ▢ = 9	3 · ▢ = 0
9 · ▢ = 27	▢ · 3 = 12	▢ · 3 = 15	▢ · 10 = 30

7 Welche Zahlen gehören zur Dreier-Reihe?
Schreibe die Malaufgabe mit ihrer Umkehraufgabe dazu.

3   5   9   11   15   18   20   21   25   27

8

a)	b)	c)	d)	e)
27 : 3	21 : 3	12 : 3	24 : 3	3 : 3
9 : 3	18 : 3	15 : 3	0 : 3	30 : 3

9

a)	b)	c)	d)	e)
25 : 5	18 : 3	24 : 4	32 : 8	28 : 4
56 : 8	36 : 4	24 : 8	32 : 4	24 : 3

1 Wie viele Kinder sind es?
Schreibe die Malaufgabe und rechne aus.

2 Finde Lösungswege für die neuen Aufgaben der Sechser-Reihe.

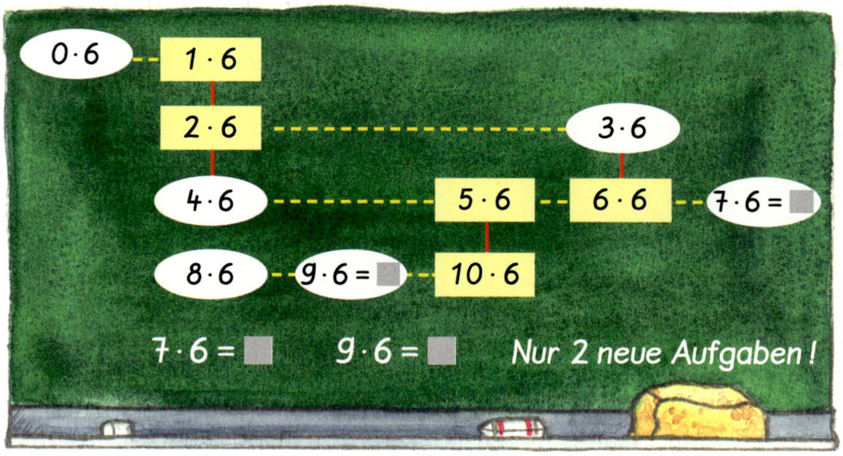

3 a) Rechne alle Malaufgaben der Sechser-Reihe.

·	1	2	3	4	5	6	7	8	9	10
1	1	2	3	4	5	6	7	8	9	10
2	2	4	6	8	10	12	14	16	18	20
3	3	6	9	12	15	18	21	24	27	30
4	4	8	12	16	20	24	28	32	36	40
5	5	10	15	20	25	30	35	40	45	50
6	6	12	18	24	30	36		48		60
7	7	14	21	28	35		49	56		70
8	8	16	24	32	40	48	56	64	72	80
9	9	18	27	36	45			72	81	90
10	10	20	30	40	50	60	70	80	90	100

b) Rechne auch die Tauschaufgaben.

4 a) 3 · 6
5 · 6
b) 8 · 6
2 · 6
c) 4 · 6
9 · 6
d) 6 · 7
6 · 10
e) 6 · 3
6 · 8

Merkheft
1 · 6
2 · 6
3 · 6
4 · 6
5 · 6
6 · 6
7 · 6
8 · 6
9 · 6
10 · 6

5 a)

b)

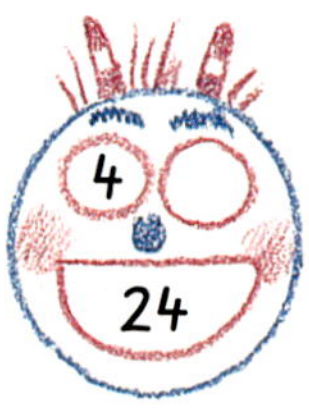

c)

d)

6 a) 30 : 3
30 : 6
b) 12 : 3
12 : 6
c) 24 : 3
24 : 6
d) 18 : 3
18 : 6
e) 6 : 3
6 : 6

7 Zahlix macht Dreier-Sprünge, Zahline macht Sechser-Sprünge.
Wie weit kommt Zahline, wenn sie genauso oft springt wie Zahlix? Begründe.

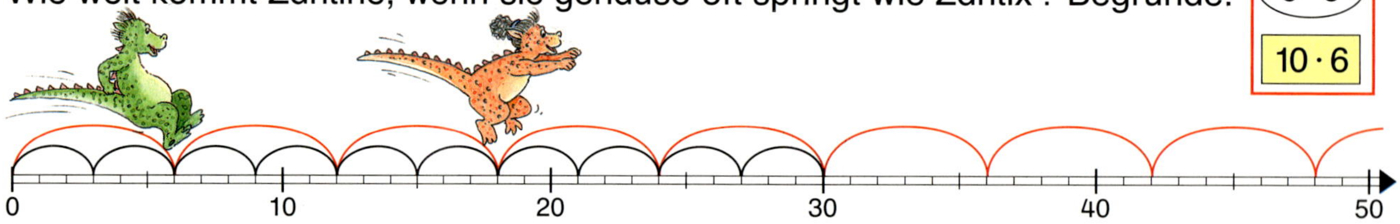

Zahlix	4 · 3 = ▢	7 · 3 = ▢	▢ · ▢ = ▢	8 · 3 = ▢	6 · 3 = ▢	▢ · ▢ = ▢	▢ · ▢ = ▢
Zahline	4 · 6 = ▢	7 · ▢ = ▢	9 · 6 = ▢	▢ · ▢ = ▢	▢ · ▢ = ▢	5 · 6 = ▢	3 · 6 = ▢

8 a) 4 · 3 = ▢ · 6
8 · 3 = ▢ · 6
b) 5 · 6 = ▢ · 3
1 · 6 = ▢ · 3
c) ▢ · 6 = 6 · 3
▢ · 4 = 8 · 3
d) ▢ · 5 = 5 · 3
▢ · 8 = 6 · 4

1 a) Schreibe alle Aufgaben der Neuner-Reihe auf. Nur eine Aufgabe ist neu.
Auch fast alle Tauschaufgaben kennst du schon. Schreibe so:

1 · 9 = ■	9 · 1 = ■
2 · 9 = ■■	9 · 2 = ■■

b) Betrachte die Ergebniszahlen. Was fällt dir an der Einerstelle und an der Zehnerstelle auf?

c) Welche Ergebnisse sind auch Ergebnisse anderer Einmaleinsaufgaben?

Merkheft

- 1 · 9
- 2 · 9
- 3 · 9
- 4 · 9
- 5 · 9
- 6 · 9
- 7 · 9
- 8 · 9
- 9 · 9
- 10 · 9

2

a)	b)	c)	d)	e)
5 · 9	4 · 9	8 · 9	0 · 9	1 · 9
7 · 9	10 · 9	9 · 9	6 · 9	3 · 9

3 a)

b)

c)

d)

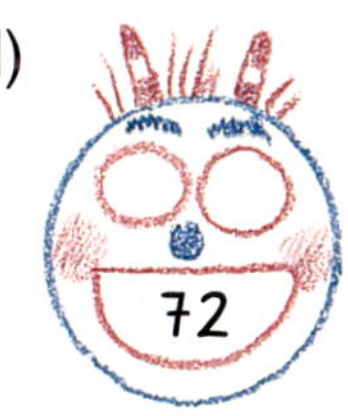

4 Welche Zahlen gehören zur Neuner-Reihe?
Schreibe die Malaufgabe mit ihrer Umkehraufgabe dazu.

18 36 81 75 27 39 54 63 19

5 Zahlix hat an der Hundertertafel Zahlen markiert.

a) Welche Zahlen haben diese Markierungen:
- roter Kreis
- blaues Dreieck
- grünes Quadrat

und zu welchen Einmaleinsreihen gehören sie?

b) Was fällt dir auf?

1	2	(3)○	4	5	(6)○△	7	8	(9)○□	10
11	(12)○△	13	14	(15)○	16	17	(18)○△□	19	20
(21)○	22	23	(24)○△	25	26	(27)○□	28	29	(30)○△
31	32	(33)○	34	35	(36)○△□	37	38	(39)○	40
41	(42)○△	43	44	(45)○□	46	47	(48)○△	49	40

6

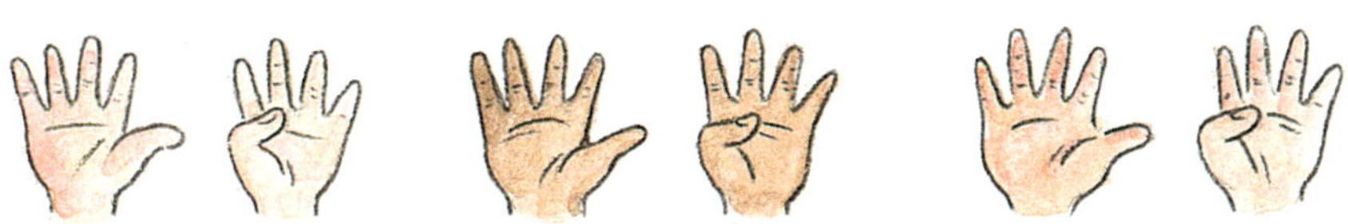

2 · 9 = 2 · 10 − ■　　5 · 9 = ____■____　　7 · 9 = ____■____
4 · 9 = 4 · 10 − ■　　6 · 9 = ____■____　　8 · 9 = ____■____

7

1

Wochen	1	■	■	4	■	6	7	■	9
Tage	7	14	21	■	35	■	■	56	■

Merkheft

1 · 7
2 · 7
3 · 7
4 · 7
5 · 7
6 · 7
7 · 7
8 · 7
9 · 7
10 · 7

2 a) 3 · 7, 7 · 7 b) 5 · 7, 8 · 7 c) 0 · 7, 9 · 7 d) 4 · 7, 10 · 7 e) 6 · 7, 1 · 7

3 a) ■ · 7 = 14, ■ · 7 = 42 b) ■ · 7 = 21, ■ · 7 = 56 c) ■ · 7 = 28, ■ · 7 = 49 d) ■ · 7 = 35, ■ · 7 = 70

4 Welche Zahlen gehören zur Siebener-Reihe?
Schreibe die Malaufgabe mit ihrer Umkehraufgabe dazu.

35 28 63 56 21 45 14 49

5 a) 35 : 7, 14 : 7 b) 63 : 7, 56 : 7 c) 28 : 7, 42 : 7 d) 21 : 7, 7 : 7 e) 49 : 7, 70 : 7

6 a) 1 Woche und 4 Tage = ___ Tage
2 Wochen und 3 Tage = ___ Tage
3 Wochen und 4 Tage = ___ Tage

b) 10 Tage = ___ Woche und ___ Tage
20 Tage = ___ Wochen und ___ Tage
31 Tage = ___ Wochen und ___ Tage

7 Nimm deine Hundertertafel.

a) Streiche nacheinander durch:
Zahlen der 2er-Reihe Zahlen der 3er-Reihe
Zahlen der 5er-Reihe Zahlen der 7er-Reihe

b) Warum sind fast alle Zahlen der 4er-Reihe schon durchgestrichen? Begründe.

8 <, > oder =

a) 5 · 7 ○ 4 · 8, 3 · 7 ○ 5 · 5 b) 7 · 7 ○ 9 · 6, 4 · 7 ○ 3 · 9 c) 9 · 7 ○ 8 · 8, 3 · 4 ○ 6 · 2 d) 8 · 7 ○ 7 · 8, 2 · 7 ○ 5 · 3

9 a) 4 · 6 ○ 3 · 8, 5 · 6 ○ 9 · 3 b) 2 · 9 ○ 3 · 6, 7 · 8 ○ 8 · 9 c) 7 · 3 ○ 4 · 5, 8 · 4 ○ 6 · 6 d) 9 · 7 ○ 6 · 10, 9 · 8 ○ 8 · 10

10 a) 3 · 5 + 28, 4 · 8 + 42 b) 7 · 8 − 19, 3 · 4 − 12 c) 5 · 5 − 17, 2 · 8 + 56 d) 6 · 9 + 39, 6 · 7 − 23

11 Willst du Einmaleins-Artistin werden?

a)	b)	c)	d)
4 · 6	36 : 6	4 · 7	10 : 2
5 · 8	81 : 9	9 · 6	20 : 4
3 · 9	56 : 7	5 · 5	90 : 9
5 · 7	48 : 8	8 · 8	30 : 6
7 · 7	45 : 5	1 · 7	40 : 5

·	1	2	3	4	5	6	7	8	9	10
1	1	2	3	4	5	6	7	8	9	10
2	2	4	6	8	10	12	14	16	18	20
3	3	6	9	12	15	18	21	24	27	30
4	4	8	12	16	20	24	28	32	36	40
5	5	10	15	20	25	30	35	40	45	50
6	6	12	18	24	30	36	42	48	54	60
7	7	14	21	28	35	42	49	56	63	70
8	8	16	24	32	40	48	56	64	72	80
9	9	18	27	36	45	54	63	72	81	90
10	10	20	30	40	50	60	70	80	90	100

1 Wie heißen die Zirkuskinder?

2 Welches Maldurch ist es? Kannst du selbst Maldurch-Rätsel finden?

3

a)

·	9		
5		20	
2			

b)

·	4	2	
	32		
5			

c)

·			
	14		35
9			
	32		

4

a)

·	9		
4		28	
	18		32

b)

·	2		
		21	27
	8		
			63

c)

·	7	2	
		10	
		12	

5 Rechendreiecke mit Malaufgaben

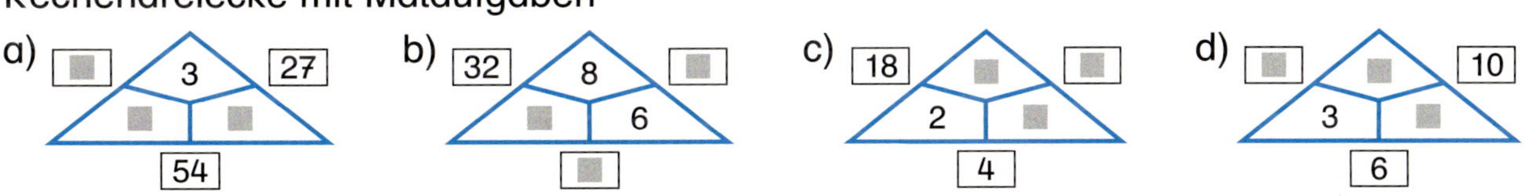

6

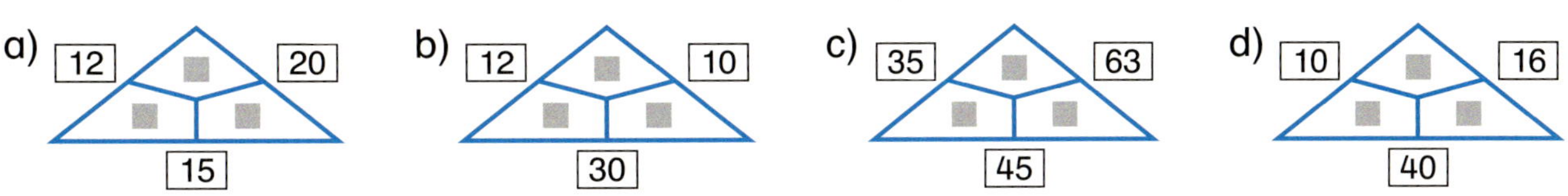

3 bis 6 Weiterführende Aufgaben zu „Malifanten“ und Rechendreiecken gibt es auf Seite 130.

1 Beim Sportunterricht sind 18 Jungen. Sie wollen verschiedene gleich große Mannschaften bilden. Wie viele Jungen können jeweils in einer Mannschaft sein?
Josef behauptet: „Wir könnten Mannschaften mit zwei Jungen, drei Jungen, sechs Jungen und neun Jungen bilden.“ Stimmt das?
Gibt es noch andere Möglichkeiten?

2 Welche Mannschaften kann man bilden?
a) 12 Mädchen b) 15 Mädchen c) 24 Mädchen

Mein Merkheft

3 Die Zahlen, durch die man eine Zahl ohne Rest teilen kann, nennt man Teiler der Zahl. Gib die Teiler der Zahl an. Vergiss die 1 und die Zahl selbst nicht. Schreibe wie im Beispiel.

Teiler von 12: 1 2 3 4 6 12

a) Teiler von 9 b) Teiler von 14 c) Teiler von 18 d) Teiler von 24

4 Schreibe alle Teiler der Zahlen auf. a) 36 b) 86 c) 48 d) 27 e) 17

5 Schreibe zu jeder Zahl die Teiler auf. Stelle fest, wie viele Teiler die Zahlen haben.
a) 20 28 29 32 b) 44 45 46 47

6 Welche Zahlen sind Teiler von 12 und 18?
Schreibe wie im Beispiel und kreise die gemeinsamen Teiler ein.

Teiler von 12: (1) (2) 3 4 6 12
Teiler von 18: (1) (2) 3 6 9 18

7 Schreibe wie in Aufgabe 6. Welche Zahlen sind gemeinsame Teiler?
a) 16 und 32 b) 18 und 24 c) 20 und 30 d) 40 und 20 e) 48 und 64

8 a) Welche Zahlen im Sack haben den Teiler 5?
b) Welche Zahlen im Sack haben den Teiler 3?

9 Nina sagt: „5 ist ein Teiler von 45 und von 80.“ Stimmt das?

10 Klaus sagt: „7 ist ein Teiler von 35 und von 55.“ Stimmt das?

11 In der Klasse 3a sind 24 Kinder. Welche gleich großen Tischgruppen können gebildet werden? Wie viele gibt es jeweils?

12 Die 27 Kinder der Klasse 3c sitzen an Vierertischen.

13 48 Äpfel sollen so verpackt werden, dass in jeder Tüte gleich viele sind.

1 a) Zahlix hat einige Zahlen eingekreist.
Das sind alles Vielfache von 5.
Er ist noch nicht ganz fertig.
Wie geht es wohl weiter?
Schreibe auf:
Vielfache von 5: 5, 10, 15, …
Auf welche Ziffern enden die Vielfachen von 5?

b) Schreibe auch alle Vielfachen von 10 auf. Auf welche Ziffern enden diese Vielfachen?

1	2	3	4	(5)	6	7	8	9	(10)
11	12	13	14	(15)	16	17	18	19	(20)
21	22	23	24	(25)	26	27	28	29	(30)
31	32	33	34	(35)	36	37	38	39	(40)
41	42	43	44	(45)	46	47	48	49	(50)
51	52	53	54	(55)	56	57	58	59	(60)

c) Vergleiche die Vielfachen von 10 mit den Vielfachen von 5. Was fällt dir auf?

d) Schreibe alle Vielfachen von 2 (bis zur Zahl 40) auf. Welche Ziffern stehen hier am Ende?

2 Suche aus diesen Zahlen a) alle Vielfachen von 2 b) alle Vielfachen von 5

52 75 80 34 30 64 86 47 45 60 95 100

Mein Merkheft

Alle Zahlen, die auf 0 enden, sind Vielfache von ■.

Alle Zahlen, die auf 5 oder 0 enden, sind Vielfache von ■.

Alle Zahlen, die auf eine gerade Zahl enden, sind Vielfache von ■.

3 a) Zahline legt mit sechs quadratischen Plättchen Rechtecke.
Wie viele verschiedene Rechtecke kann sie legen?
Schreibe für jedes Rechteck eine Malaufgabe auf.

b) Zahlix versucht es mit sieben quadratischen Plättchen.

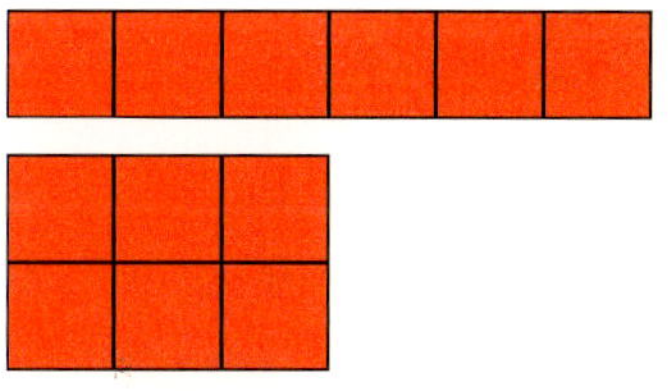

4 Zeichne freihändig in dein Heft alle möglichen Rechtecke aus
a) 8 Quadraten b) 12 Quadraten c) 11 Quadraten.
Schreibe die Malaufgaben dazu. Wie heißen die Teiler der Zahlen?

5 Ergänze die Tabelle bis 20. Stelle fest, wie viele Teiler die Zahlen haben. Was fällt dir bei einigen Zahlen auf?

Zahl	2	3	4	5	6	7	8
Anzahl der Teiler	2	2	3	■	■	■	■

Mein Merkheft

Primzahlen haben genau zwei Teiler, die 1 und sich selbst.

6 Finde weitere Primzahlen.

1 a) 20 Bälle sollen an 6 Kinder gerecht verteilt werden.
b) 20 Bälle sollen an 8 Kinder gerecht verteilt werden.
c) 20 Bälle sollen an 9 Kinder gerecht verteilt werden.

20 Bälle an 6 Kinder verteilen.
20 : 6 = 3 R ■
Jedes Kind bekommt 3 Bälle.
■ Bälle bleiben übrig.

2 In einer Kiste findet Mutter 25 schöne Murmeln.
Sie will die Murmeln an sechs Kinder gerecht verteilen.

3

a)	b)	c)	d)	e)
18 : 4 = 4 R 2	25 : 4	32 : 6	35 : 4	48 : 9
18 : 5 = ■ R ■	25 : 9	32 : 5	35 : 6	48 : 6
	25 : 8	32 : 9	35 : 8	48 : 5
	25 : 7	32 : 7	35 : 9	48 : 7

4 Aufgepasst! Hier bleibt beim Teilen manchmal kein Rest.

a)	b)	c)	d)	e)	f)
13 : 3	24 : 5	49 : 6	62 : 7	36 : 6	63 : 8
14 : 5	24 : 3	48 : 7	41 : 5	34 : 9	49 : 7
15 : 6	24 : 7	47 : 8	22 : 3	44 : 6	82 : 9
16 : 9	24 : 8	46 : 9	36 : 4	28 : 7	63 : 7

5

a)	b)	c)	d)	e)
30 : 4	31 : 5	20 : 6	52 : 10	30 : 9
34 : 4	41 : 5	26 : 6	62 : 10	40 : 9
38 : 4	51 : 5	32 : 6	72 : 10	50 : 9
42 : 4	61 : 5	38 : 6	82 : 10	60 : 9

Finde zwei Päckchen, bei denen der Rest gleich bleibt.

6

a) Teile durch 6. Bei welchen Zahlen bleibt kein Rest?
b) Teile durch 7. Der Rest ist immer verschieden.
c) Teile durch 8.
d) Teile durch 9. Was fällt dir an den Resten auf?

Der Rest ist so groß wie die …

7 Welche Zahl ist es?

1 Leon hat zwei Ziffernkarten ausgewählt und damit eine Malaufgabe gerechnet.
a) Sein Ergebnis ist 45.
Welche Karten hat er gewählt?
b) Welche Karten hat er wohl gewählt, um das Ergebnis 12 (30, 24) zu erreichen?
c) Welches ist das größte Ergebnis, welches das kleinste, das Leon bekommen kann?

2 a) Das Ergebnis von Leons Malaufgabe soll zwischen 30 und 40 liegen.
Welche Karten kann er nehmen?
b) Das Ergebnis soll zwischen 10 und 20 liegen. Schreibe alle fünf Möglichkeiten auf.

3 Jetzt verwenden die Kinder drei Karten. Sie nehmen immer zuerst zwei Zahlen mal, die dritte Zahl zählen sie dann dazu oder ziehen sie ab.
a) Marie: „Ich habe die Zahl 50 als Ergebnis erhalten." Was hat sie gerechnet?
b) Leon: „Mein Ergebnis ist 0." Mit welchen Zahlen hat er gerechnet?
c) Dilek: „Mein Ergebnis ist 30." Welche Zahlen hat sie benutzt?
d) Welche Zahlen muss man wählen? Das Ergebnis ist: 11 22 33.

---

4 Theresa, Anna und Lisa spielen gegen Lars, Felix, Tom und Marius Tischtennis.
Jedes Mädchen gegen jeden Jungen.
Wie viele Spiele gibt es?
Schreibe alle Möglichkeiten auf.
Schreibe auch die Malaufgabe dazu.

5 Am Nachmittag spielen fünf Mädchen gegen Jungen Tischtennis.
Jedes Mädchen spielt gegen jeden Jungen. Insgesamt gibt es 15 Spiele.
Wie viele Jungen spielen mit?

6 Beim Turnier spielt jedes Mädchen gegen jeden Jungen. Insgesamt gibt es 18 Spiele.
Wie viele Jungen und wie viele Mädchen spielen mit? Es gibt mehrere Möglichkeiten.

7 Für ein Foto wollen sich Zahlix, Zahline und Eva nebeneinander stellen. Wie viele Möglichkeiten gibt es?

8 Achim will auch mit auf das Foto. Wie viele Möglichkeiten gibt es dann, sich nebeneinander zu stellen?

1 bis 3 Weiterführende Aufgaben zum „Kreativen Problemlösen" mit Ziffernkärtchen gibt es auf Seite 130.

1 Im August ist der Ponyhof komplett ausgebucht.

F: Wie viele ...

L:

Betten insgesamt ?		
Erdgeschoss ■	*Obergeschoss ■*	*Anbau ■*

1 6 + ■ ■ + ■ ■ = ?

A: ■ ...

Zeichne das Streifenmodell in dein Heft und ergänze die Zahlen. Rechne aus und schreibe deine Antwort auf.

2 Aus Bayreuth kommt eine Kindergruppe mit 29 Personen, aus Würzburg eine mit 26 und aus Aschaffenburg eine mit 33 Personen.

Gäste insgesamt ?		
Bayreuth ■	Würzburg ■	Aschaffenburg ■

Das Streifenmodell hilft beim Lösen von Sachaufgaben

■		
■	■	?

3 In der ersten Septemberwoche ist der Ponyhof mit 69 Gästen belegt.

Betten insgesamt 88	
Gäste ■	freie Plätze ?

4 In den Herbstferien ist der Ponyhof fast ausgebucht. Es gibt nur noch 22 freie Plätze. Zeichne auch hierzu ein Streifenmodell. Rechne dann aus.

5 In der ersten Januarwoche ist der Ponyhof nur zur Hälfte belegt. Zeichne ein Streifenmodell bevor du rechnest.

6 In der zweiten Februarwoche sind nur 17 Mädchen und 18 Jungen auf dem Ponyhof. Wie alt ist das älteste Pony?

7 In den Osterferien kommt eine Gruppe aus Nürnberg mit 27 Kindern, eine aus Bamberg mit 34 Kindern und eine Gruppe aus Kitzingen mit 16 Kindern. Unter den Gästen sind 19 Jungen. Wie viele Mädchen kommen auf den Ponyhof?

Zum Lösen dieser Rechengeschichte musst du zwei Streifenmodelle zeichnen. Erkläre.

Zeichne die Modelle in dein Heft und löse dann schrittweise.

Gäste insgesamt ?		
Nürnberg ■	Bamberg ■	Kitzingen ■

Gäste insgesamt ■	
Jungen ■	Mädchen ?

Eine Aufgabe lässt sich nicht lösen. Dies ist eine „Kapitänsaufgabe".

Die Rechentabelle hilft beim Lösen von Sachaufgaben.

1 David hat bereits fünfmal Gruppenunterricht genommen.

F: Wie viel …

L:

Gruppenunterricht	1	2	4	5
Betrag	13 €	26 €	■ €	■ €

A: ■ € …

2 Löse jeweils mithilfe einer Rechentabelle.

a) Tina: sechsmal Gruppenunterricht.

b) Anna: viermal Einzelunterricht.

c) Sophia: viermal Vollpension.

d) Paula: sechs Ausritte

3 Marie hat Reitstunden mit Einzelunterricht genommen. Sie kosten 54 €.

F: Wie oft …

L:

Einzelunterricht	1	■	■
Betrag	18 €	36 €	54 €

A: ■ mal …

4 Löse mithilfe einer Rechentabelle.

a) Paul: 39 € für Gruppenunterricht

b) Sven: 72 € für Vollpension.

c) Lea: 60 € für Ausritte.

d) Tom: 90 € für Einzelunterricht.

5 Anja hat dreimal Gruppenunterricht genommen und vier Ausritte gemacht.
Hier hilft dir beim Lösen wieder ein Streifenmodell. Erkläre.

Streifenmodell

Gesamtkosten ?	
Gruppenunterricht ■	Ausritte ■

Rechentabelle

Gruppenu.	1	■
Betrag	13 €	■ €

Ausritte	1	■
Betrag	■ €	■ €

Zeichne in dein Heft und rechne fertig.

6 Clara hat fünf Ausritte gemacht und zweimal Einzelunterricht genommen.
Löse auch hier mithilfe von Streifenmodell und Rechentabelle.

7 Tom war drei Tage mit Vollpension auf dem Reiterhof. Er hat zwei Ausritte gemacht.

8 Anne hat drei Ausritte gemacht und Einzelunterricht genommen. Ihre Rechnung beträgt 90 €. Wie viele Stunden Einzelunterricht hat sie genommen?

9 Simon war zwei Tage mit Vollpension auf dem Reiterhof. Er hat 2 Stunden Gruppenunterricht genommen. Seine Rechnung beträgt 98 €. Wie viele Ausritte hat er noch gemacht?

1

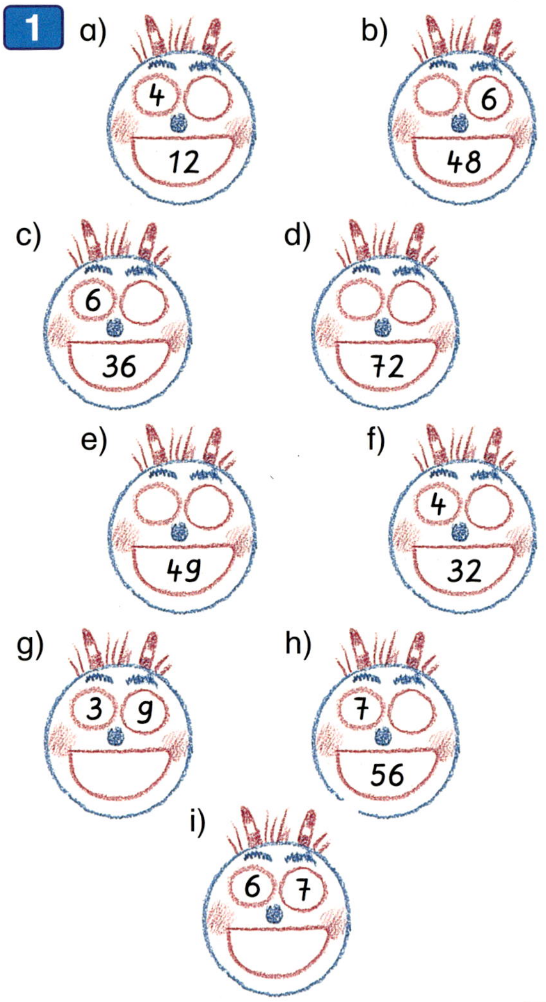

Zahlenrätsel

1 Zähle 78 und 7 zusammen. Ziehe dann 60 ab.

2 Teile 63 durch 7. Zähle dann 85 dazu.

3 Wenn ich meine Zahl verdopple und dann 8 dazuzähle, erhalte ich 100.

4 Wenn ich von meiner Zahl 12 abziehe und das Ergebnis halbiere, erhalte ich 34.

1

a)

·	2		
	8		
3		21	

b)

·	5		
4		12	
2			

c)

·	3	2	
		0	
		14	

2

a)

·	6	3	
	18		
4			

b)

·	4		
		25	45
	24		

c)

·	9	3	
	18		
8			

1 a) b) c)

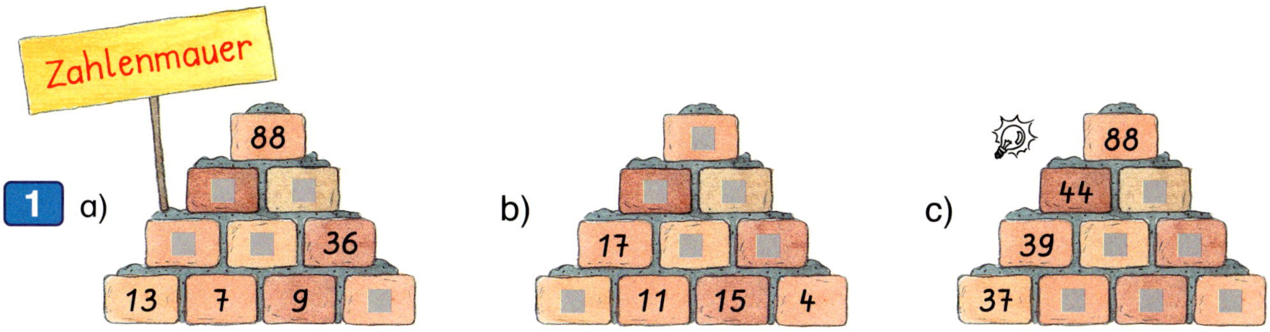

2 a) b)

3

1 Welches Rechenzeichen musst du einsetzen?

a) 4 ◯ 4 = 16
4 ◯ 4 = 8

b) 4 ◯ 4 = 1
4 ◯ 4 = 0

c) 36 ◯ 6 = 6
9 ◯ 3 = 3

d) 18 ◯ 9 = 27
9 ◯ 0 = 9

2 Was fällt dir auf? Schreibe weitere Aufgaben auf.

2 · 2 1 · 3	3 · 3 2 · 4	4 · 4 3 · 5	5 · 5 4 · 6	6 · 6 5 · 7	7 · 7 ▢ · ▢	▢ · ▢ ▢ · ▢

3 Wie heißt die Geteiltaufgabe?

a) ▢ : 7 = 3 Rest 2
▢ : 7 = 2 Rest 3
▢ : 7 = 7 Rest 6

b) ▢ : 7 = 8 Rest 1
▢ : 8 = 7 Rest 1
▢ : 9 = 9 Rest 1

c) 15 : ▢ = 7 Rest 1
15 : ▢ = 1 Rest 7
15 : ▢ = 3 Rest 3

4 Was fällt dir auf?

a) 4 · 3
2 · 6

b) 8 · 2
4 · 4

c) 4 · 6
2 · 12

d) 4 · 9
2 · 18

e) 8 · 7
4 · ▢

f) 6 · 9
▢ · ▢

Pokalaufgaben: Aufgaben mit erhöhtem Anspruch

Symmetrische Figuren

1 Beschreibe, wie die Kinder im Bild symmetrische Figuren herstellen.

2 Stellt selbst symmetrische Figuren auf verschiedene Weise her. Versucht auch, symmetrische Figuren zu zeichnen.

3 a) Karin fertigt Faltschnitte an. Wie macht sie das?
b) Falte wie Karin ein Blatt Papier. Zeichne, dann schneide aus und klappe auf.

4 Falte ein Blatt Papier und schneide so, dass diese Figuren entstehen.

1 Welche Tintenklecksbilder gehören zusammen?

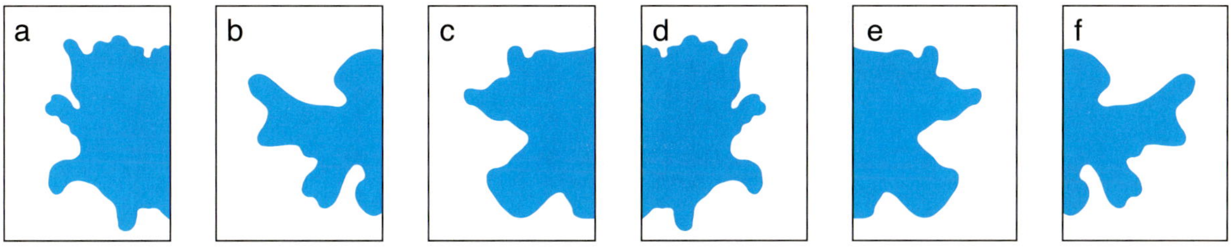

2 Spanne die Figur am Geobrett. Dein Partner spannt die gespiegelte Figur. Prüfe mit einem Spiegel.

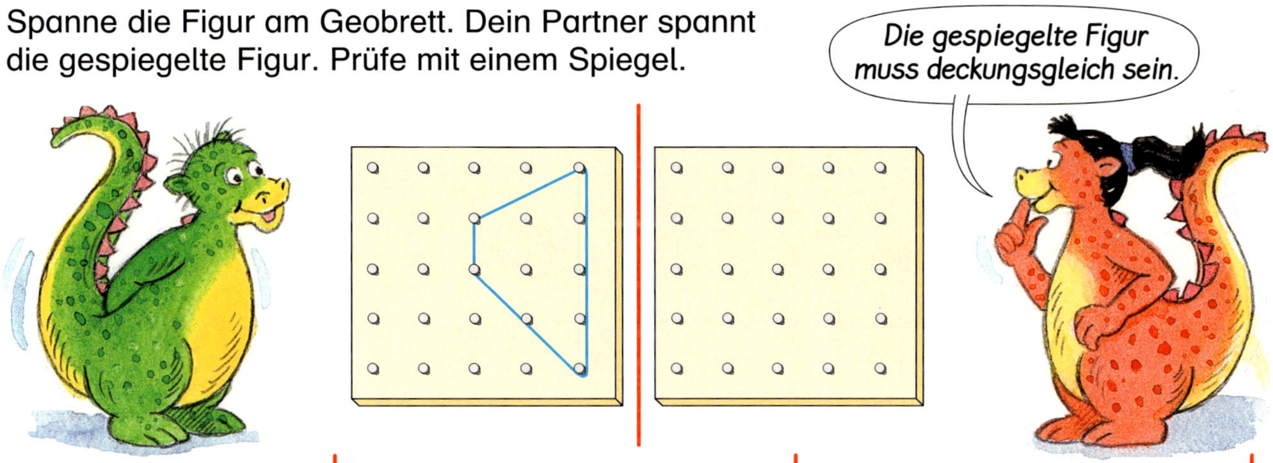

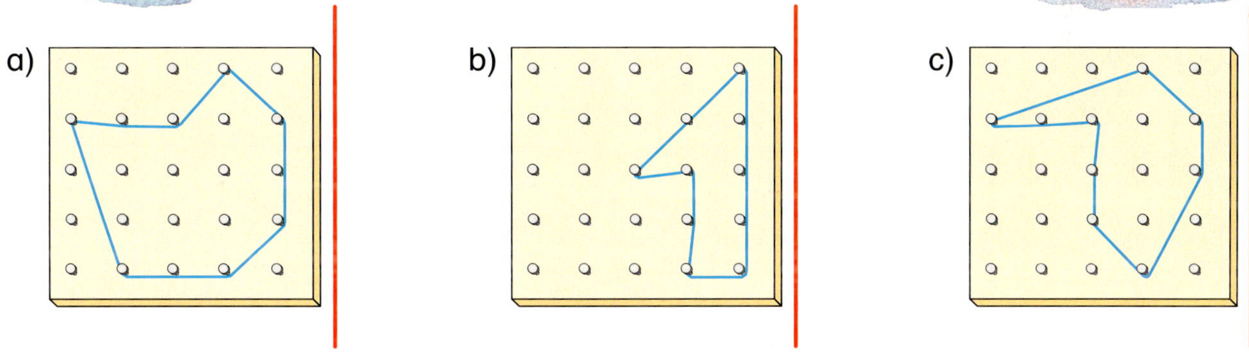

3 Spanne die Figur am Geobrett so, dass sie symmetrisch wird. Zeichne ins Heft.

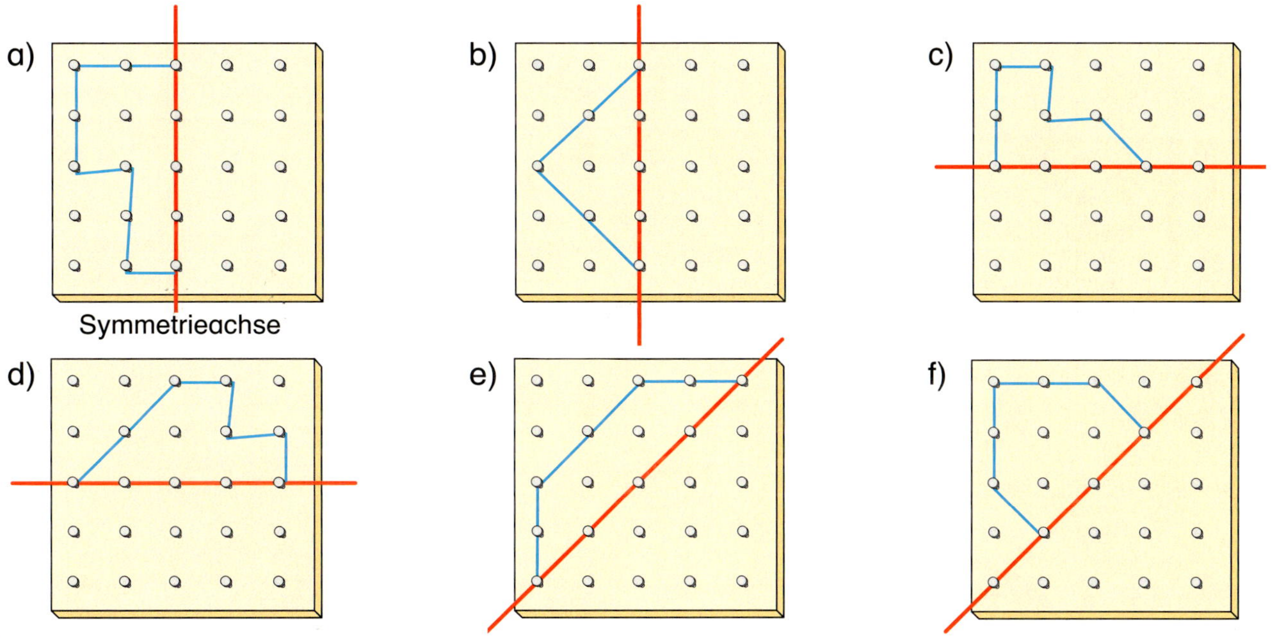

Mein Merkheft

Die Symmetrieachse teilt eine symmetrische Figur in deckungsgleiche Hälften.

1

Teilnehmer: 2 Kinder
Material: Karopapier, geometrische Formen
Spielidee: Symmetrische Bilder herstellen

Ein Kind legt eine Figur auf Karopapier. Der Partner legt die spiegelbildliche Figur.
Mit dem Spiegel wird überprüft.
Dann wechselt euch ab.

2 Hier ist etwas falsch.

a) Lege die linke Hälfte, dann spiegle und lege die andere Hälfte richtig nach.

b) Lege die rechte Hälfte, dann spiegle und lege die andere Hälfte richtig nach.

(1) 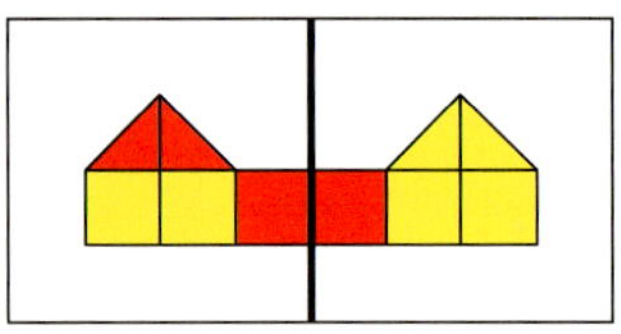
(2) 
(3) 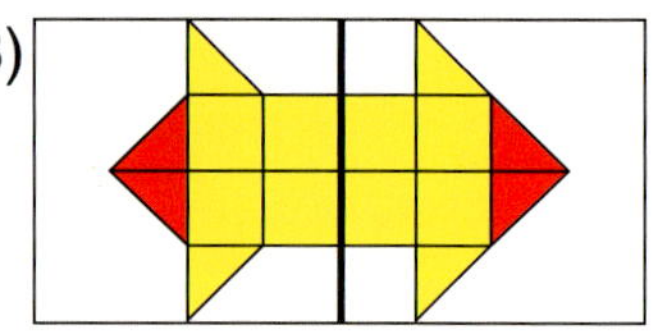

(4) 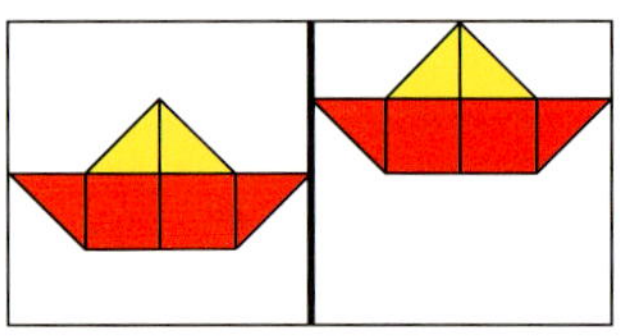
(5) 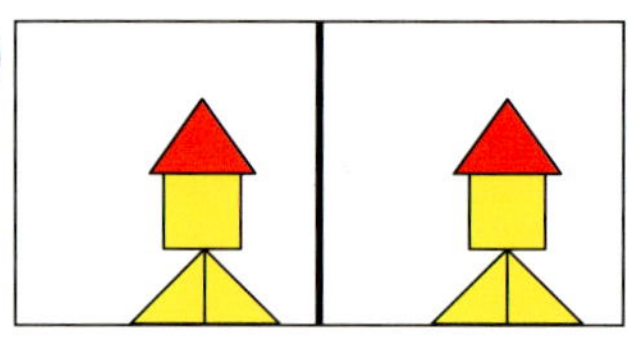
(6) 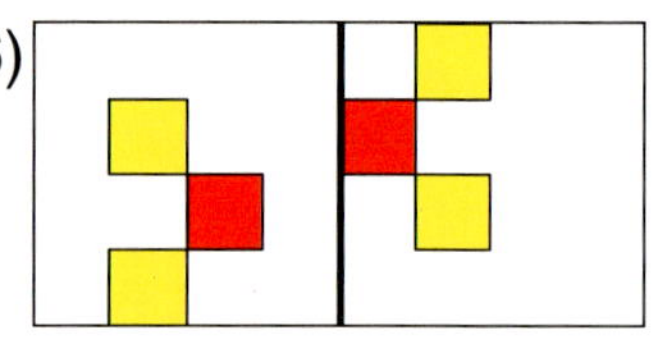

3 Was stimmt nicht? Lege die Figuren richtig nach. Prüfe mit dem Spiegel.

a) 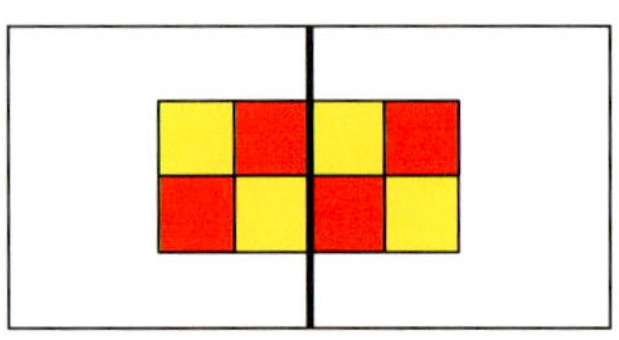
b) 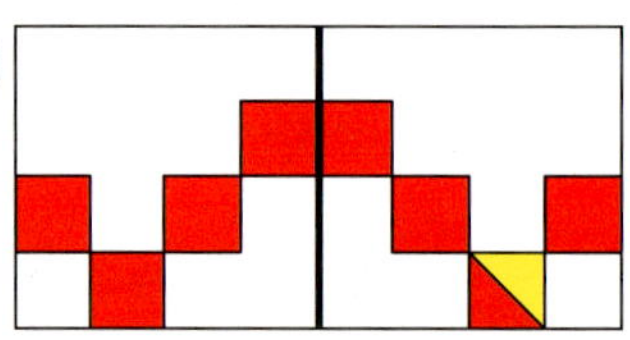
c) 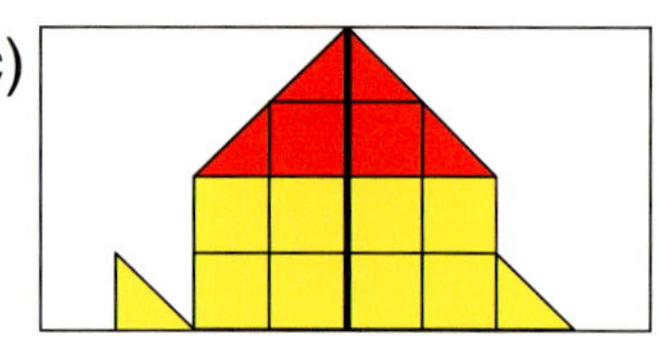

d) 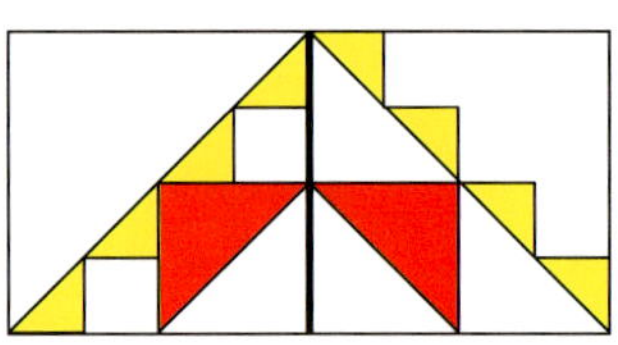
e) 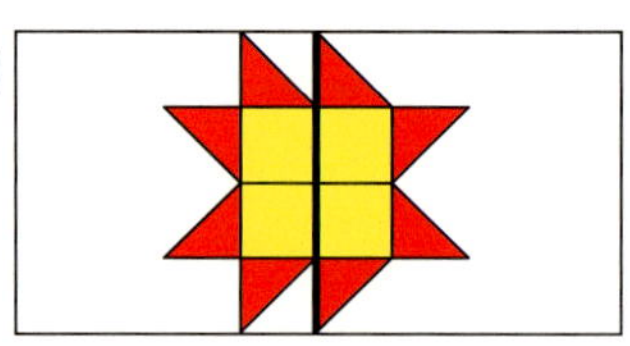
f) 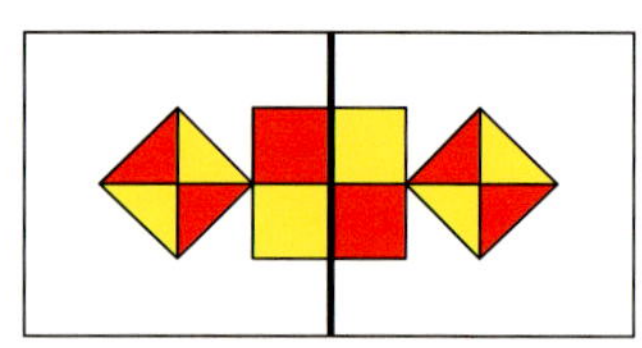

4 Welches ist das richtige Spiegelbild?

a) 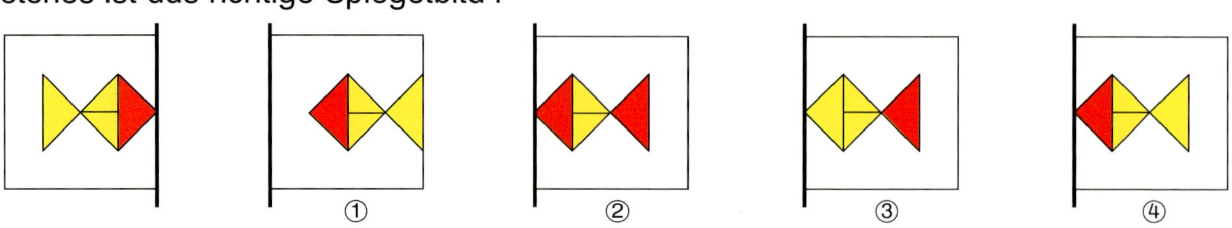

b) 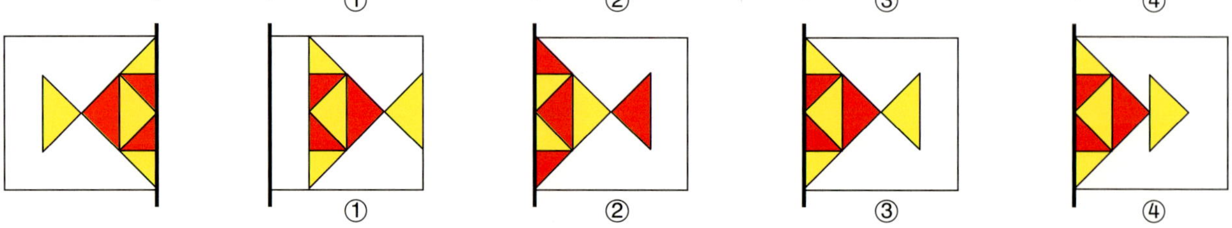

1 Übertrage die Figuren auf Karopapier. Schneide sie aus und stelle durch Falten fest, wie viele Symmetrieachsen jede Figur hat. Zeichne die Symmetrieachsen ein.

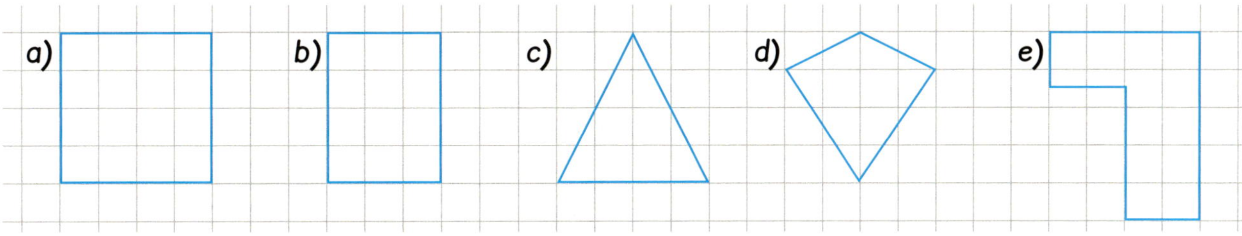

2 Zeichne die Figuren in dein Heft und ergänze sie zu einer symmetrischen Figur.

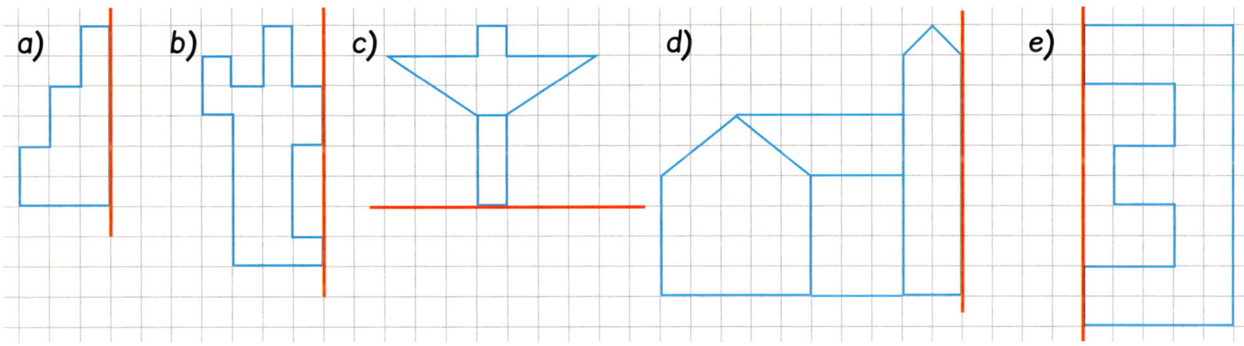

3 Welche Flaggen haben keine, eine oder zwei Symmetrieachsen?

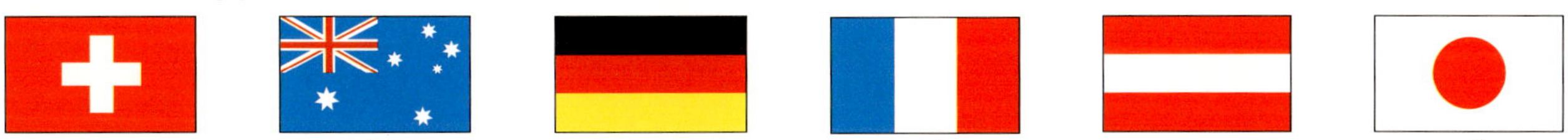

a b c d e f

g h i

Schreibe so:
Flaggen ohne Symmetrieachse: *b,* ___
Flaggen mit einer Symmetrieachse: ___
Flaggen mit zwei Symmetrieachsen: ___

4 Welche der Buchstaben haben eine Symmetrieachse? Welche haben zwei?

M E H N A Z O

Findest du noch andere Buchstaben mit Symmetrieachsen?
Versuche, sie symmetrisch aufzuzeichnen.

5 Kannst du die Botschaften lesen? Wie musst du hier spiegeln?

a)
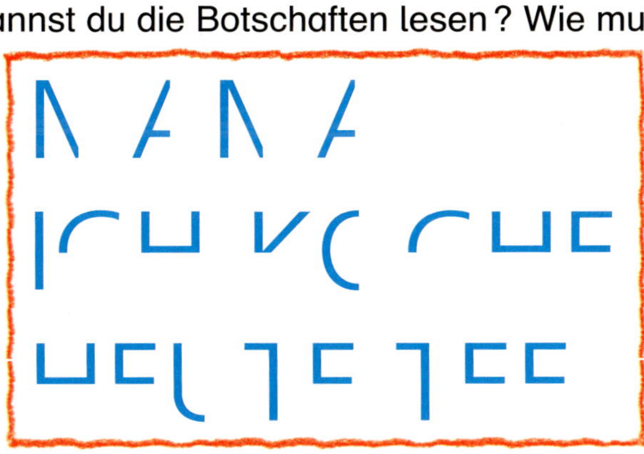

b)
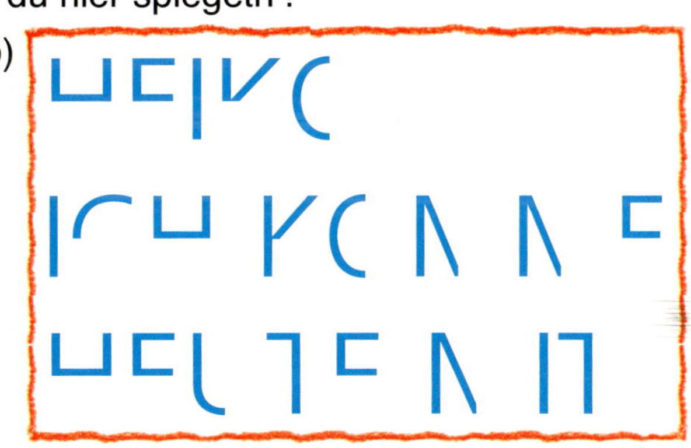

Aufbau des Tausenders

1 Wie viele Centstücke sind es?

a) 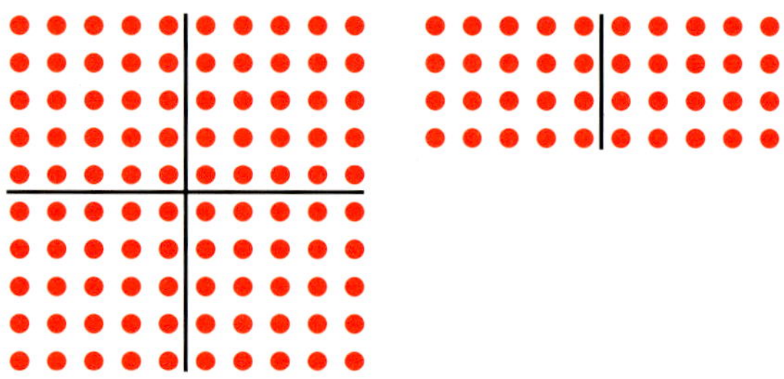

b) 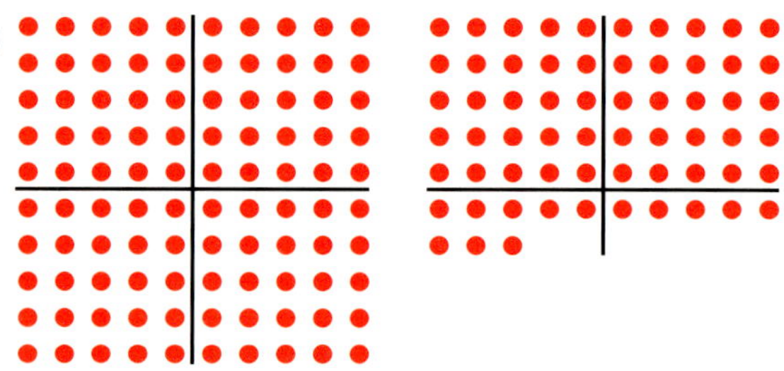

2

3

a) In unserer Schule gibt es 1000 Treppenstufen.

b) 1000 Kinder sind an unserer Schule.

c) In unserem Dorf leben 1000 Menschen.

d) Auf einer Seite im Lesebuch stehen 1000 Wörter.

e) In unserem Rechenbuch stehen 1000 Aufgaben.

f) Unser Rechenheft hat 1000 Kästchen.

g) Wir sind heute morgen 1000 Minuten in der Schule.

h) Max sagt: „Ich glaube nicht, dass du 1000 Kästchen in einer Stunde ausmalen kannst.“

1							O		M
11									20
21							O		30
31									L
41				I					50
51									M
61									G
71									80
81									90
91									C

101				L					110
111						R			120
121							N		130
131				O					N
141						E			150
151		N							D
161	I								170
171				G					180
181								H	190
191				E					200

1 Zahlix und Zahline lernen Englisch.
Was sagen sie zur Begrüßung?

70	135	28	160

60	135	117	153	45	128	175

!

189	147	105	40	28

100	8	10	195

162	140

!

2 Zahlix hat auf einige Felder in beiden Hundertertafeln Bilder gemalt. Welche Felder sind es?

a) ☐ ☐ b) ☐ ☐ c) ☐ ☐ d) ☐ ☐ e) ☐ ☐ f) ☐ ☐

3 a) Nenne deinem Partner eine Zahl zwischen 1 und 200. Er legt ein Plättchen auf das richtige Feld. Dann tauscht die Rollen.
b) Nun umgekehrt: Lege ein Plättchen auf ein Feld. Dein Partner sagt die richtige Zahl.
c) Lege ein Plättchen auf eine Zahl zwischen 1 und 100. Dein Partner legt ein Plättchen auf dasselbe Feld in der zweiten Hundertertafel. Wie heißen eure Zahlen?

4 Zeichne und trage die fehlenden Zahlen ein. Achte auf die richtige Hundertertafel.

a)

171		

b)

	96	

c)

132		

d)

		58

e)

	143	

5 Zeige in den beiden Hundertertafeln und schreibe die Zahlen auf,
a) in denen eine 5 an der Einerstelle vorkommt,
b) in denen eine 9 an der Zehnerstelle vorkommt,
c) in denen zwei gleiche Ziffern vorkommen.

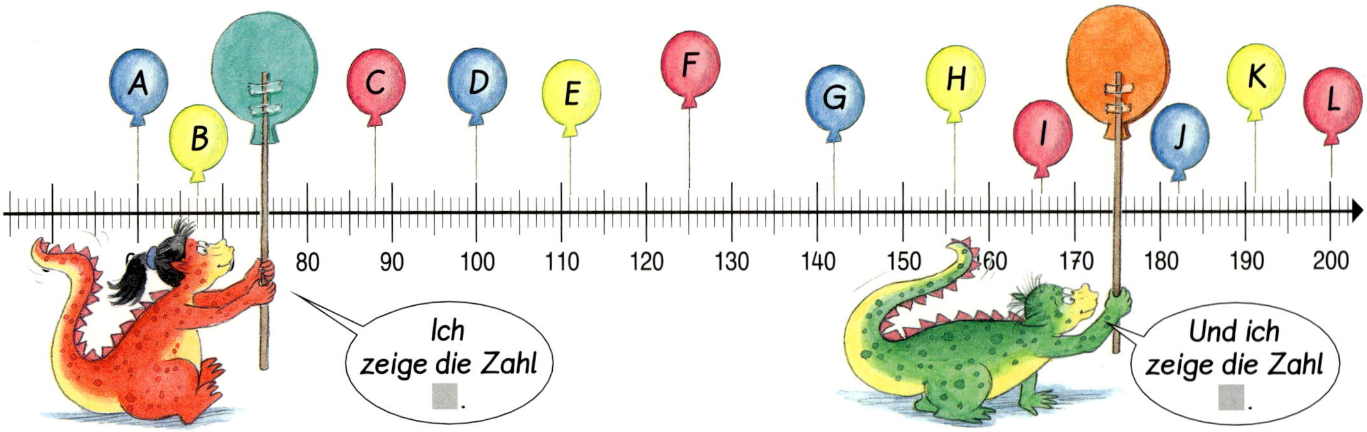

1 Wo stehen die Ballons? Schreibe auf: A = 6 0

2 Setze die Zahlenfolgen fort.

a) 0, 20, 40, …, 200
10, 40, 70, …, 190

b) 200, 180, 160, …, 0
190, 160, 130, …, 10

c) 91, 93, 95, …, 109
109, 106, 103, …, 88

3 Bestimme Vorgänger (V) und Nachfolger (N).

a) V	Zahl	N	b) V	Zahl	N	c) V	Zahl	N	d) V	Zahl	N
▢	143	▢	163	▢	▢	▢	▢	100	▢	201	▢
▢	79	▢	199	▢	▢	159	▢	▢	164	▢	▢
▢	150	▢	▢	▢	160	▢	109	▢	▢	▢	121

4 Nach rechts werden die Zahlen am Zahlenstrahl immer größer, nach links werden die Zahlen immer kleiner. Zeige die Zahlen, dann setze ein: < oder >.

a) 65 ◯ 74
78 ◯ 87
92 ◯ 82

b) 192 ◯ 182
107 ◯ 117
117 ◯ 170

c) 143 ◯ 134
122 ◯ 119
165 ◯ 156

d) 137 ◯ 173
140 ◯ 104
118 ◯ 181

5 Wähle zwei Zahlen aus und vergleiche.

a) 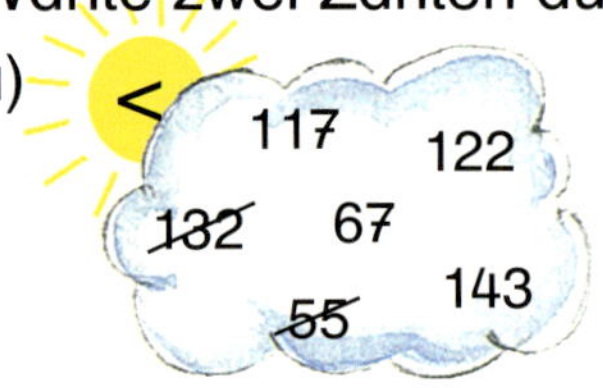

a) 5 5 < 1 3 2
<

b) 

c) 

6 Rechne. Finde weitere Aufgaben nach der Regel.

a) 96 + 4
96 + 6
96 + 8
▢ + ▢

b) 95 + 5
95 + 6
95 + 7
▢ + ▢

c) 99 + 1
99 + 3
99 + 5
▢ + ▢

d) 98 + 2
98 + 4
98 + 6
▢ + ▢

e) 196 + 4
196 + 6
196 + 8
▢ + ▢

7 a) 80 + 10
80 + 20
80 + 30
▢ + ▢

b) 70 + 30
70 + 40
70 + 50
▢ + ▢

c) 60 + 20
60 + 40
60 + 60
▢ + ▢

d) 90 + 10
90 + 30
90 + 50
▢ + ▢

e) 180 + 10
180 + 20
180 + 30
▢ + ▢

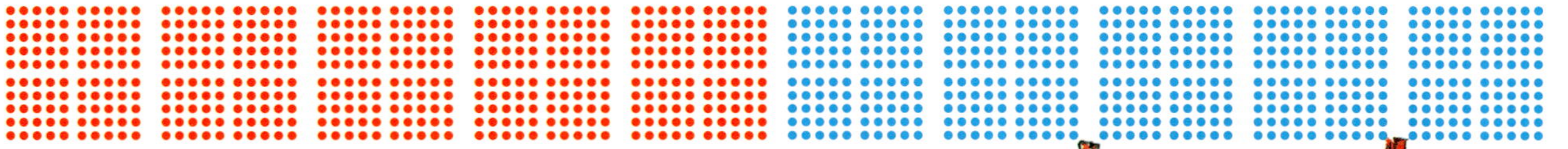

1 Zeige und rechne.

a) 700 + 200
400 + 300
600 + 200

b) 100 + 400
300 + 300
800 + 100

c) 300 + 600
200 + 500
400 + 200

2 a) 600 − 200
800 − 300
700 − 400

b) 900 − 400
700 − 300
800 − 600

c) 500 − 300
600 − 500
900 − 700

3 Zerlege. Immer fünf Aufgaben mit Hunderterzahlen.

a)

b)
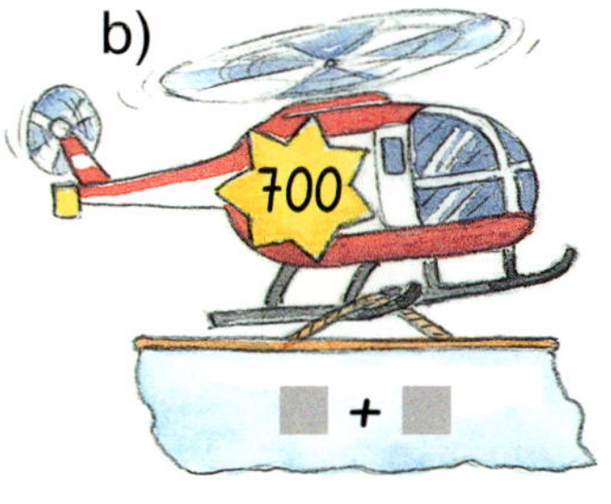

c)

d)

4 Schreibe die Hunderterzahlen geordnet untereinander. Schreibe das Zahlwort daneben.

einhundert	vierhundert	dreihundert	eintausend	zweihundert
sechshundert	neunhundert	achthundert	fünfhundert	siebenhundert

5 Zahlenrätsel

a) *Meine Zahl ist halb so groß wie 1 000.*

b) *Meine Zahl ist um 400 größer als 300.*

c) *Meine Zahl ist doppelt so groß wie 500.*

d) *Meine Zahl ist um 200 kleiner als 1 000.*

6 Wie viele Punkte sind es?

a)
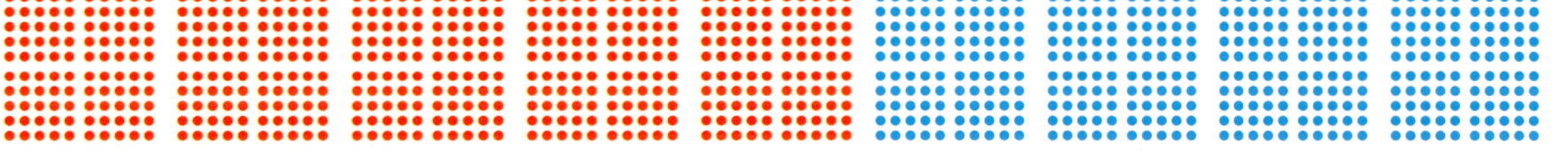

b)
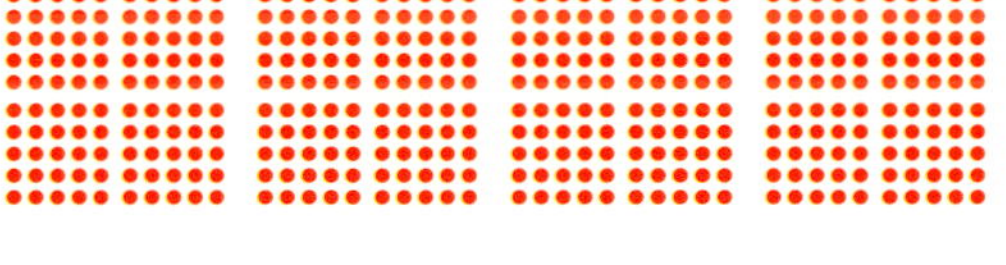

c)

d)

e)
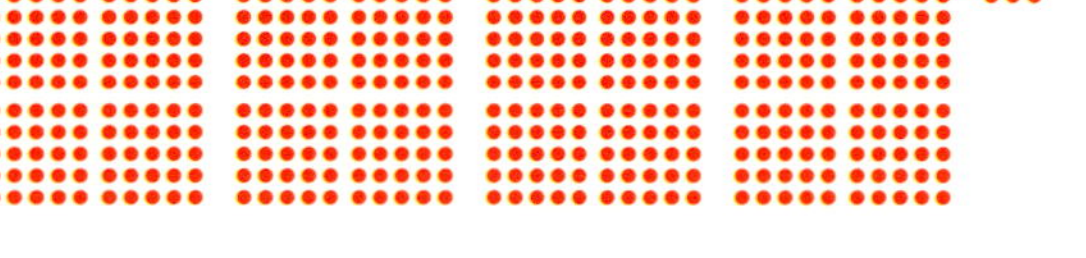

2 Hunderter + 7 Zehner + 4 Einer
2 H + 7 Z + 4 E
200 + 70 + 4
274

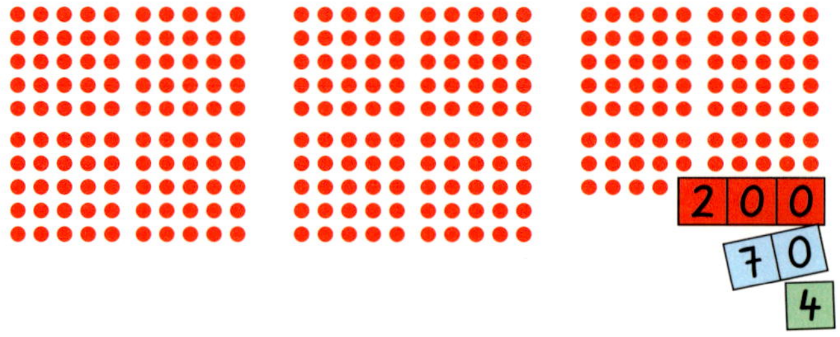

1 Auch mit Platten, Stangen und Würfeln kannst du Zahlen bilden.

a) 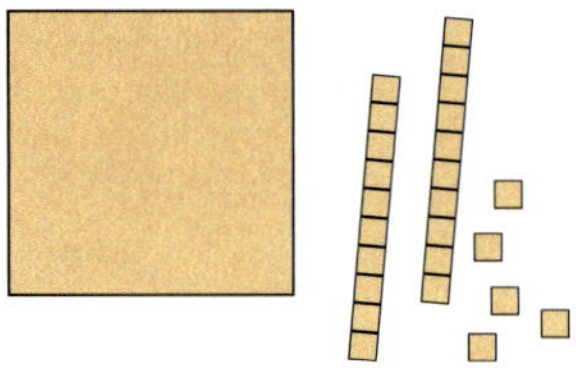

H	Z	E
1	2	5

100 + 20 + 5
125

b) 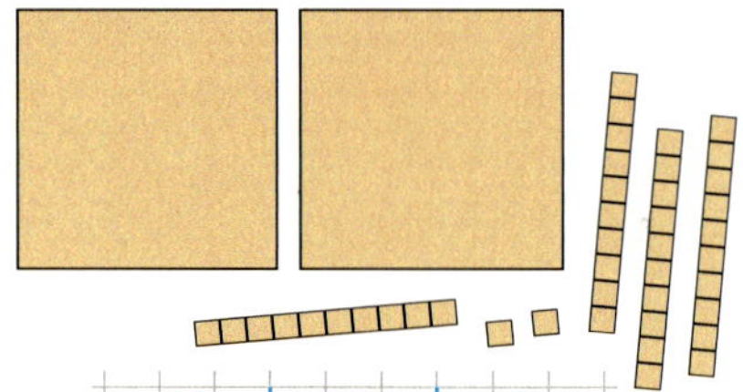

H	Z	E
■	■	■

■ + ■ + ■
■

c) 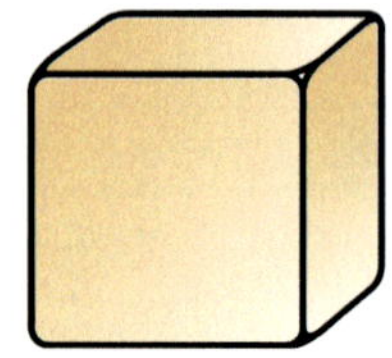

T	H	Z	E
1	0	0	0

■ + ■ + ■ + ■
■

2 Zahlix kann mit seiner Geheimschrift auch große Zahlen schreiben. Wie heißen sie?

a) 

2 H + 3 Z + 1 E
2 0 0 + 3 0 + 1 = 2 3 1

□	—	·
H	Z	E
2	3	1

b)  c)  d) 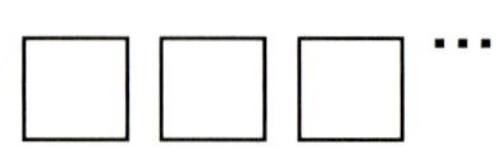 e) 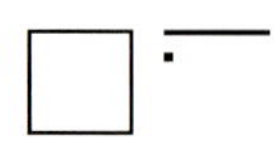

3 Schreibe in Geheimschrift.

a) 5 H + 4 Z + 7 E
4 H + 2 Z + 5 E

b) 6 H + 1 Z
1 H + 6 Z

c) 5 H + 2 E
2 H + 5 E

d) 321
231

e) 307
370

4 Lies das Zahlwort deinem Nachbarn vor.
Er legt die Zahl mit Kärtchen und schreibt sie auf.

100 400 700 200 600 800 500 900 300

einhundertvierzehn
vierhundertzweiundvierzig
zweihunderteinundsechzig
fünfhundertsechsundsiebzig

siebenhundertachtundneunzig
sechshundertsieben
achthundertfünfunddreißig
dreihundertneunundzwanzig

5 4 2 1 8 6 3 9 7 0

70 20 10 30 60 80 90 50 40

Mein Merkheft

1 T = 1 0 H	1 Tausender hat 1 0 Hunderter.
1 H = 1 0 Z	1 Hunderter hat 1 0 Zehner.
1 Z = 1 0 E	1 Zehner hat 1 0 Einer.

1

Die Kinder tauschen die Ziffernkärtchen untereinander.

a) Welche Zahlen können noch entstehen? Schreibe sie auf.

b) Ordne die Zahlen der Größe nach.

2

a) Welche Zahlen kannst du legen? Trage sie in eine Stellenwerttafel ein und zerlege sie.

b) Wie heißt die größte Zahl?

c) Wie heißt die kleinste Zahl?

H	Z	E	
5	8	3	500 + 80 + 3

3 Nehmt drei Ziffernkärtchen.

a) Wie viele verschiedene Zahlen könnt ihr damit legen? Schreibt sie auf und zerlegt sie.

b) Wie heißt die größte Zahl? Unterstreicht sie rot.

c) Wie heißt die kleinste Zahl? Unterstreicht sie blau.

4 Nehmt das Ziffernkärtchen mit der Null und noch zwei Ziffernkärtchen dazu.
Wie viele dreistellige Zahlen könnt ihr damit legen? Worauf müsst ihr achten?

5 Zeige am Punktefeld.
Trage in eine Stellenwerttafel ein und zerlege.

a) 6 H + 4 Z + 3 E
4 H + 2 Z + 5 E
3 H + 7 Z + 1 E

b) 7 H + 1 Z
2 H + 6 E
5 H + 2 E

c) 4 H + 3 Z
6 H + 8 E
9 H + 2 E

H	Z	E	
6	4	3	600 + 40 + 3
4	2	5	400 + 20 + 5

6

a) 12 Z = 1 H + 2 Z = 120
23 Z = 2 H + ▢ Z = ▢

b) 15 Z
27 Z
34 Z

c) 50 Z
71 Z
45 Z

d) 69 Z
26 Z
62 Z

e) 88 Z
90 Z
19 Z

7

Spiel: HOHE HAUSNUMMER

Material: – Ziffernkärtchen von 0 bis 9 (jedes zweimal)

Spielverlauf:
- Legt die Ziffernkärtchen verdeckt auf den Tisch.
- Jedes Kind zieht drei Kärtchen und bildet eine Zahl.
- Wer die größte Zahl hat, erhält einen Punkt.
- Nun mischt und spielt noch einmal.
- Gewonnen hat, wer zuerst fünf Punkte hat.

Spielt auch NIEDRIGE HAUSNUMMER: Wer die kleinste Zahl hat, erhält einen Punkt.

1 Zahline hat in der Stellenwerttafel mit Plättchen Zahlen gelegt. Wie heißen die Zahlen?

a)
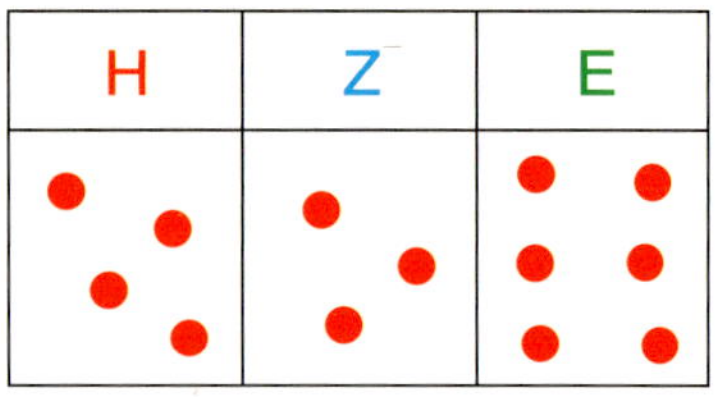

b)
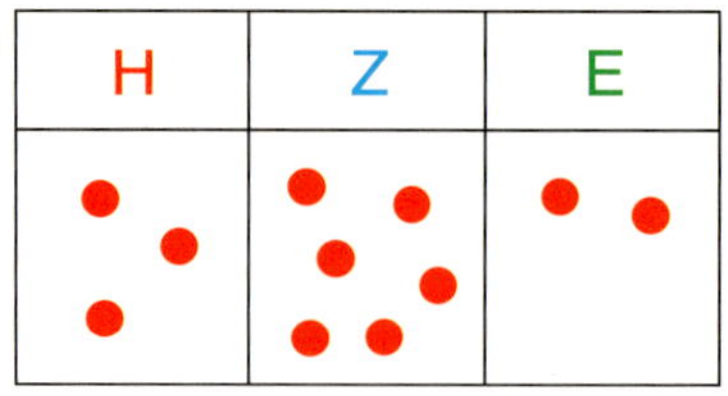

c)
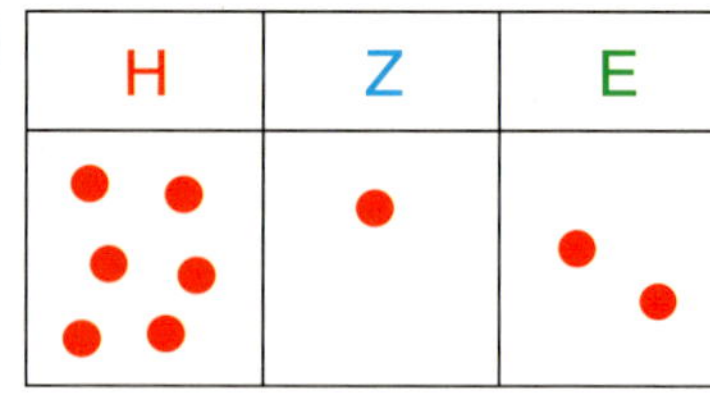

2 Wie heißt Zahlines Zahl?

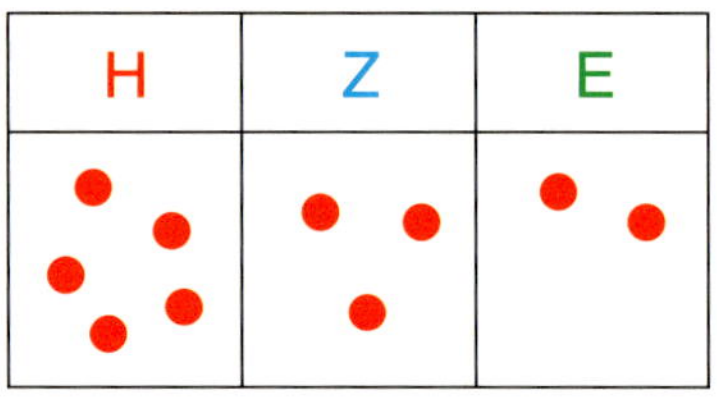

Wie heißt die Zahl, wenn Zahline …
a) bei den Hundertern ein Plättchen dazulegt,
b) bei den Zehnern ein Plättchen dazulegt,
c) bei den Einern ein Plättchen wegnimmt,
d) bei den Hundertern ein Plättchen wegnimmt?

3 Wie heißt Zahlix Zahl?

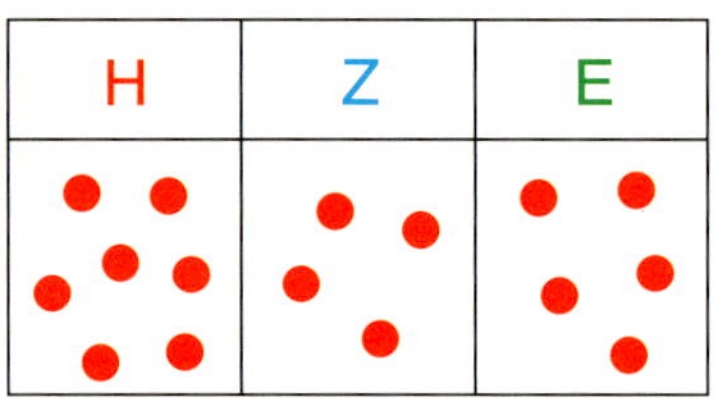

Wie heißt die Zahl, wenn Zahlix …
a) ein Plättchen von den Einern zu den Hundertern schiebt,
b) vier Plättchen von den Zehnern zu den Einern schiebt,
c) ein Plättchen von den Hundertern zu den Zehnern schiebt und ein Plättchen von den Hundertern zu den Einern legt?

4 Lege mit genau 7 Plättchen. Finde möglichst viele verschiedene Zahlen.

So
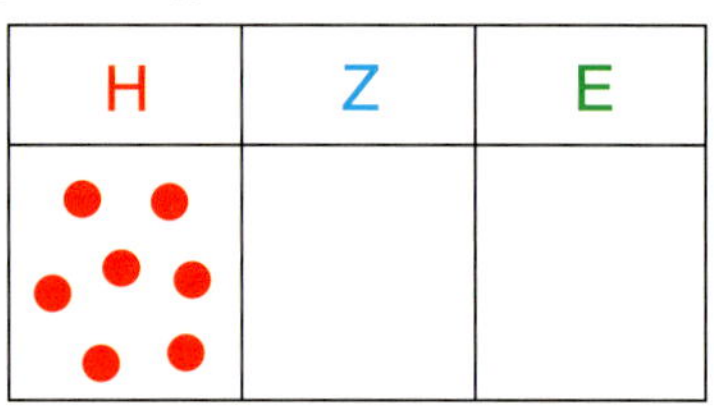

oder so
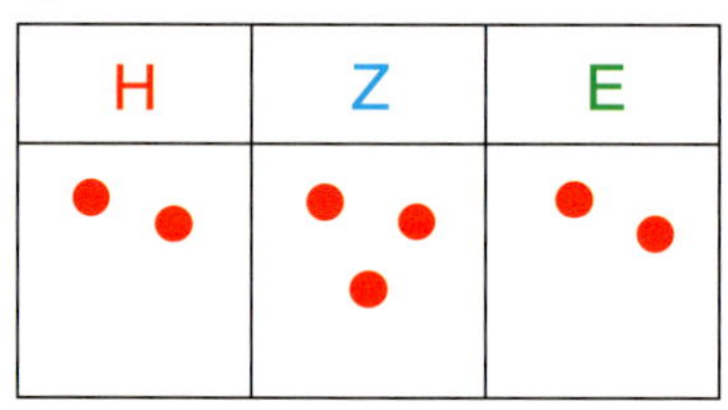

oder …

5 Welche Zahlen kannst du mit 3 Plättchen legen?
Findest du alle zehn Möglichkeiten?

6 Zahline hat ihre Stellenwerttafel um die Tausenderspalte vergrößert. Welche Zahlen kann sie jetzt mit zwei Plättchen legen? Findest du alle zehn Zahlen?

T	H	Z	E

7

8 Überlege dir selbst weitere Zahlenrätsel.

Weitere Zahlenrätsel zur Stellenwerttafel gibt es auf Seite 131.

Anamayas Zahlenschnüre

Anamaya war ein Indio-Mädchen. Sie lebte mit ihren Eltern in Peru. Sie hatte zwei Brüder, Huascar und Ruminahui, und zwei Schwestern, Tamia und Joana. Der Stolz der Familie war die große Ziegenherde, die in den Tälern der Anden graste. Zweimal im Jahr wurden die Ziegen gezählt. Die Kinder halfen immer dabei. Um die Zahlen zu behalten, wurden sie aber nicht aufgeschrieben, sondern geknotet. Das hatten schon die Großeltern und deren Großeltern so gemacht.

1
a) In welchem Land lebte Anamaya?
b) Wie viele Geschwister hatte Anamaya?
c) Wobei halfen die Kinder den Eltern?

2 Anamaya hat drei Schnüre genommen und eine Zahl geknotet. Die Knoten sind verschieden dick. Wie heißt die Zahl? Begründe.

3 Anamayas Geschwister haben auch Zahlen geknotet. Kannst du sie lesen?

a) 
b) 
c) 
d) 

4 Knote selbst Zahlen und lass deine Nachbarin raten, welche Zahlen es sind.

5 Wie viele Schnüre braucht Anamaya für die Zahl 1245?

6 Abends am Lagerfeuer hat Anamaya Zahlenrätsel gestellt. Findest du die Zahl? Eine Knotenschnur kann dir helfen.

7 Finde selbst Zahlenrätsel zu Knotenschnüren.

1 a) U = ▒ G = ▒ F = ▒
N = ▒ Ö = ▒ I = ▒

b) B = ▒ L = ▒ E = ▒
J = ▒ C = ▒ K = ▒

2 Welche Zahlen stehen unter
a) 504 b) 555 c) 808 d) 837?

3 Zeige in den Hundertertafeln und schreibe die Zahlen auf,
a) in denen mindestens eine 3 vorkommt, b) in denen wenigstens eine 7 vorkommt,
c) in denen zwei Fünfen vorkommen, d) in denen zwei gleiche Ziffern vorkommen.

4 Welche Zahlen fehlen? Schreibe sie in dein Heft.

a) b) c) d) e) f)

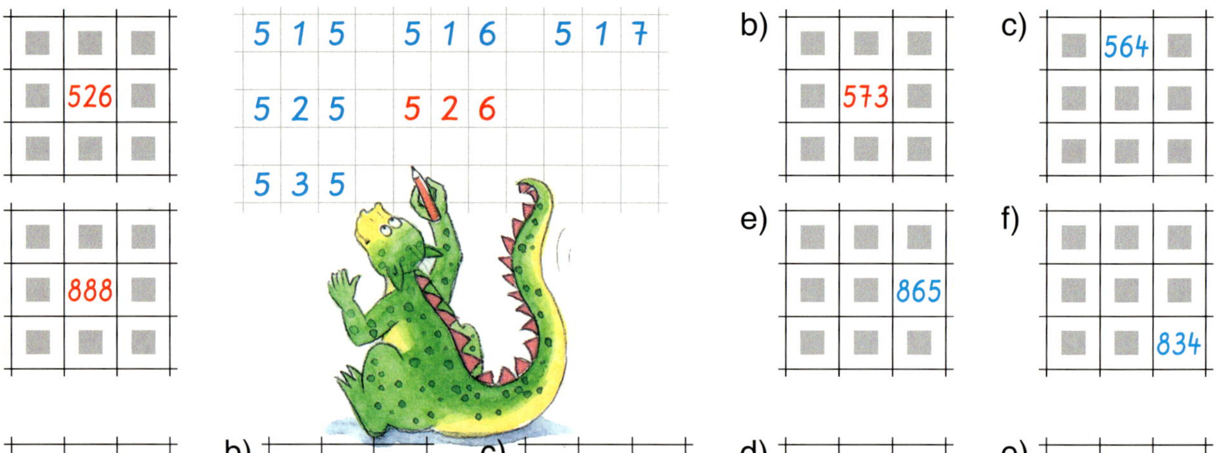

5 a) b) c) d) e)

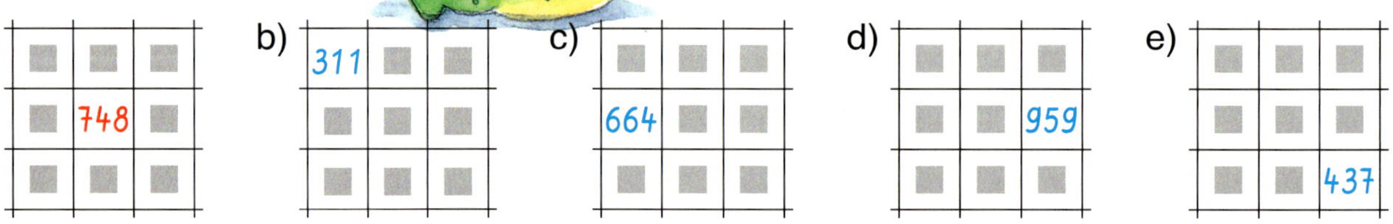

6 Starte immer bei 546. Wohin kommst du? Schreibe die Zielzahl auf.
a) 2 Schritte nach rechts b) 3 Schritte nach links c) 4 Schritte nach rechts
d) 5 Schritte nach links e) 4 Schritte nach oben f) 2 Schritte nach oben
g) 2 Schritte nach unten h) 4 Schritte nach unten i) 5 Schritte nach unten

7 Hier sind Ausschnitte aus verschiedenen Hundertern. Welche Zahlen müssen bei den Buchstaben stehen? Schreibe sie in dein Heft. Dann ordne sie der Größe nach. Beginne mit der kleinsten Zahl. Findest du die Lösungswörter?

a)

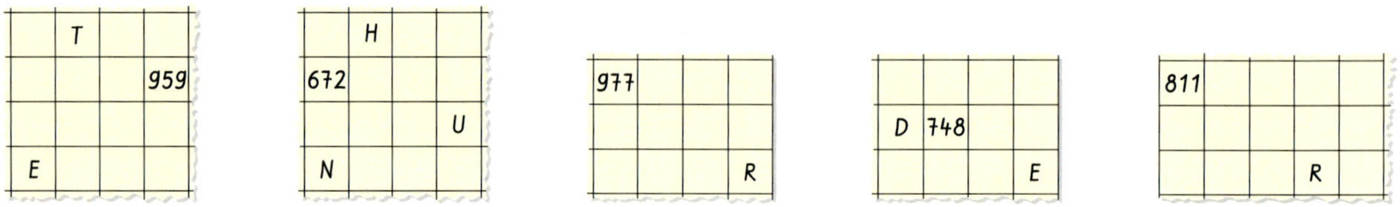

b)

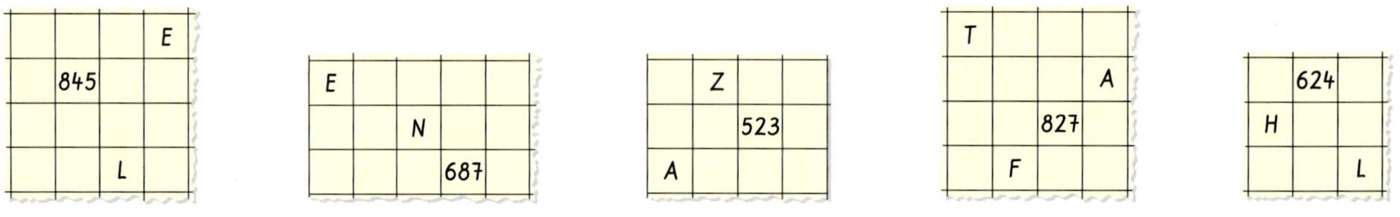

1

Wie heißt die Quersumme?

a)	317	549	276	492	872
b)	697	984	599	888	999
c)	509	606	370	740	900

2 Schreibe fünf Zahlen auf.
a) mit der Quersumme 12, b) mit der Quersumme 16, c) mit der Quersumme 25.

3

a) Wie viele gerade Zahlen sind in dem Sack, wie viele ungerade?

b) Schreibe die Zahlen auf, in denen 3 und 4 vorkommen. Wie groß ist die Quersumme?

c) Schreibe die Zahlen mit der Quersumme 10 auf.

d) Schreibe die Zahlen auf, in denen eine Ziffer doppelt vorkommt. Die Quersumme ist 14.

4

a) Wie viele gerade Zahlen sind in dem Sack, wie viele ungerade?

b) Wie viele Zahlen mit der Quersumme 5 findest du?

c) Wie viele Zahlen mit der Quersumme 15 findest du?

d) Wie heißt die größte Quersumme? Wie viele Zahlen gibt es dazu?

5

a) Rechne wie Zahlix.

64	83	90	15

b) Nimm fünf Zahlen von 40 bis 49 aus dem Sack und rechne ebenso. Was fällt dir auf?

c) Nimm drei Zahlen von 70 bis 79.

6 Nun umgekehrt. Findest du zu jedem Ergebnis drei passende Zahlen in dem Sack?

a) 27 b) 72 c) 54 d) 9 e) 90

Weiterführende Aufgaben zum „Kreativen Problemlösen" mit Quersumme gibt es auf Seite 131.

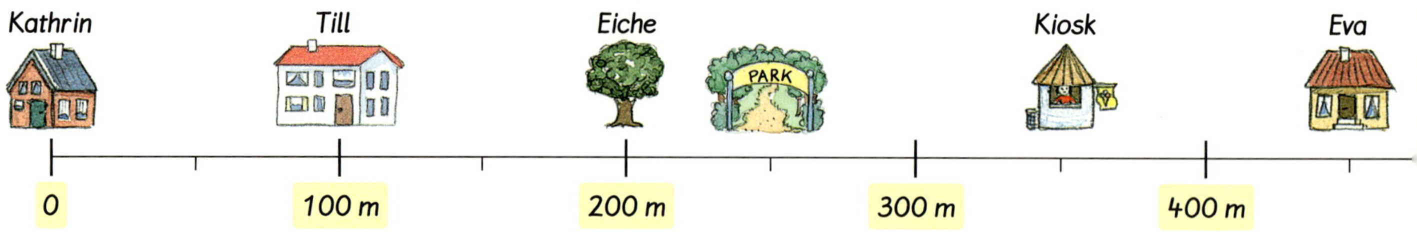

1 Kathrin geht jeden Morgen einen Kilometer (1 km = 1000 m) bis zur Schule.
Was sieht sie alles unterwegs?

2 Wie weit ist es von Kathrins Haus bis . . . ?
a) Eiche ☐ m b) Kiosk ☐ m c) Evas Haus ☐ m
d) Spielplatz ☐ m e) Kindergarten ☐ m f) Jans Haus ☐ m

3 Wie weit ist es von Tills Haus bis . . . ?
a) Eiche b) Kiosk c) Evas Haus
d) Spielplatz e) Kindergarten f) Jans Haus

4 Wie weit ist es von Jans Haus bis . . . ?
a) Eiche b) Kathrins Haus c) Kindergarten
d) Evas Haus e) Spielplatz f) Kiosk

5 Wie weit ist es . . . bis zur Schule?
a) von der Eiche b) vom Kiosk c) vom Kindergarten
d) von Evas Haus e) vom Spielplatz f) von Jans Haus

6 Kathrin benötigt für ihren Schulweg 20 Minuten.
Wie weit geht sie in 10 Minuten? Wie weit in 5 Minuten?

20 Min	☐ m
10 Min	☐ m
5 Min	☐ m

7 Wie lange brauchst du für einen Kilometer? Probiere es aus.

8 Tina steht bei 300 m, Daniel bei 500 m.
Sie wollen sich in der Mitte treffen.

9 a) Max behauptet: „750 liegt in der Mitte zwischen 550 und 950."
b) Till behauptet: „500 liegt genau in der Mitte zwischen 250 und 750."
c) Lea behauptet: „650 liegt genau in der Mitte zwischen 450 und 750."

Mein Merkheft

1 km = 1 000 m

Ein Kilometer hat 1 000 Meter.

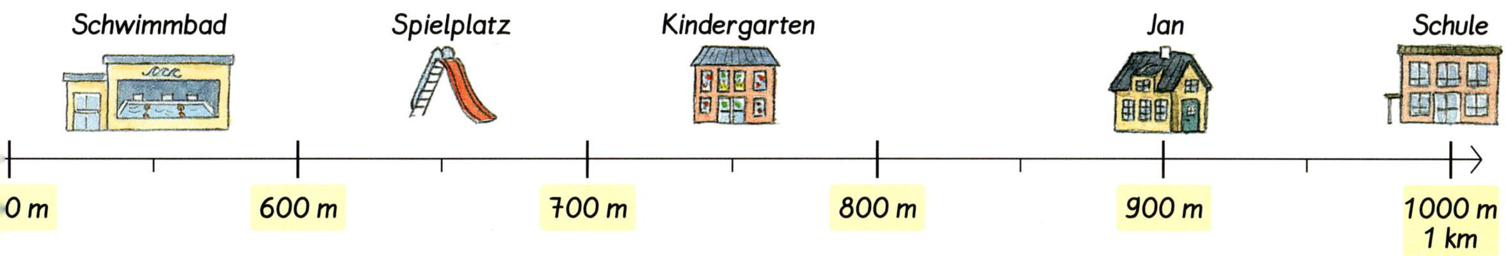

1 Zeige und zähle am unten gezeichneten Zahlenstrahl. Nenne auch die Regel.

a) 120, 140, 160, …, 300
520, 540, 560, …, 700
660, 690, 720, …, 900

b) 300, 250, 200, …, 0
850, 800, 750, …, 500
720, 700, 680, …, 400

c) 240, 280, 260, 300, …, 380
710, 760, 750, 800, …, 920
220, 250, 290, 320, …, 570

2 Bei welchen Zahlen stehen die Ballons?
Wie heißen die beiden Nachbarhunderter?
Schreibe wie im Beispiel.

A: 150 150 + 50 = 200
150 − 50 = 100

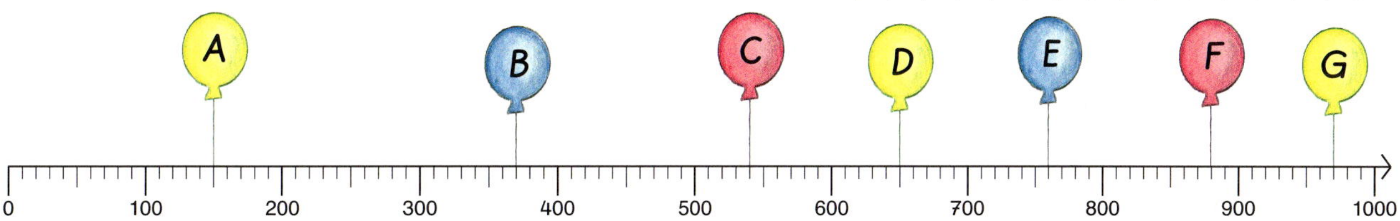

3 Rechne vor zum nächsten Hunderter.

a) 430 + ■ = 500
410 + ■ = 500
495 + ■ = 500

b) 180 + ■ = 200
780 + ■ = 800
380 + ■ = 400

c) 595 + ■ = 600
793 + ■ = 800
891 + ■ = 900

d) 775 + ■ = 800
245 + ■ = 300
578 + ■ = 600

4 Rechne zurück zum nächsten Hunderter.

a) 760 − ■ = 700
720 − ■ = 700
785 − ■ = 700

b) 373 − ■ = 300
681 − ■ = 600
275 − ■ = 200

c) 425 − ■ = 400
475 − ■ = 400
408 − ■ = 400

d) 345 − ■ = 300
790 − ■ = 700
609 − ■ = 600

5 Setze ein: < oder >.

a) 167 ○ 162
178 ○ 187

b) 392 ○ 364
307 ○ 316

c) 434 ○ 443
522 ○ 519

d) 873 ○ 773
940 ○ 904

6 Michael hat nicht immer das richtige Zeichen eingesetzt. Verbessere die Aufgaben.

a) 276 < 267
583 > 538

b) 746 > 467
383 > 833

c) 475 < 457
946 < 964

d) 609 > 690
859 > 895

7 a)

a) 155 < 222
167 <

b)

c)

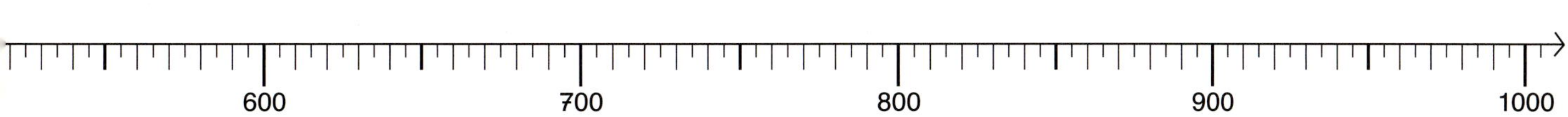

1

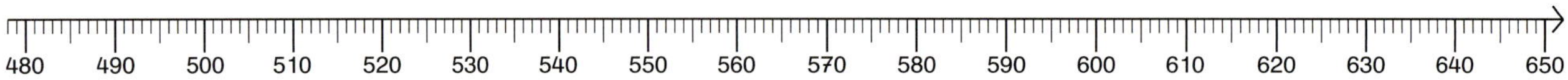

Vorwärts und rückwärts am Zahlenstrahl. Gehe von der jeweiligen Startzahl aus immer drei Schritte.

a) Gehe in Einerschritten: 543 607 495 502
b) Gehe in Zweierschritten: 582 498 612 521
c) Gehe in Zehnerschritten: 550 535 605 573

a) 543, 544, 545, 546
543, 542, . . .

2 Bei welchen Zahlen stehen die Ballons? Wie heißen die beiden Nachbarzehner? Schreibe wie im Beispiel.

A: 586   586 + 4 = 590
586 − 6 = 580

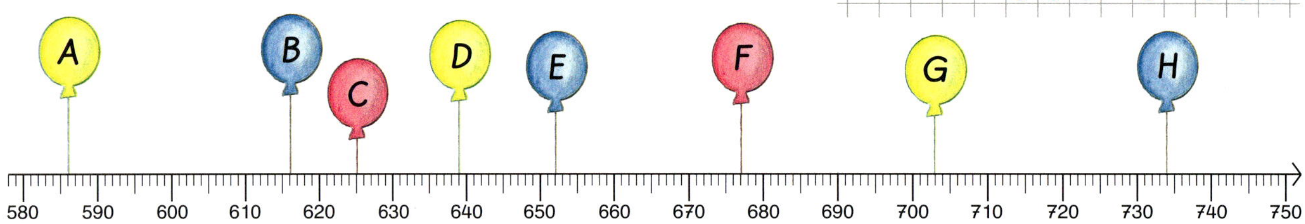

3 Zeige an deinem Zahlenstrahl. Wie heißen die Nachbarzehner? Unterstreiche den Nachbarzehner blau, der am nächsten an der Zahl liegt.

a) 288 b) 333 c) 371 d) 407 e) 999
312 345 395 429 101

280 288 <u>290</u>
310 312

4 a) Schreibe eine Zahl zwischen 100 und 1000 auf. Dein Nachbar schreibt links und rechts die beiden Nachbarzehner (NZ) und dann die beiden Nachbarhunderter (NH) hin.

NH	NZ	Zahl	NZ	NH
<u>400</u>	430	437	<u>440</u>	500

b) Unterstreicht den Nachbarzehner blau, der am nächsten an der Zahl liegt.
c) Unterstreicht den Nachbarhunderter rot, der am nächsten an der Zahl liegt.

5 Schreibe Vorgänger (V) und Nachfolger (N) auf.

a)

V	Zahl	N
	184	
	237	
	499	

V	Zahl	N
183	184	185
	237	

b)

V	Zahl	N
■	463	■
■	888	■
■	701	■

c)

V	Zahl	N
■	■	289
900	■	■
■	■	603

d)

V	Zahl	N
706	■	■
■	■	499
199	■	■

6 Stopp am Hunderter. Stelle dir beim Lösen der Aufgabe den Rechenstrich vor.

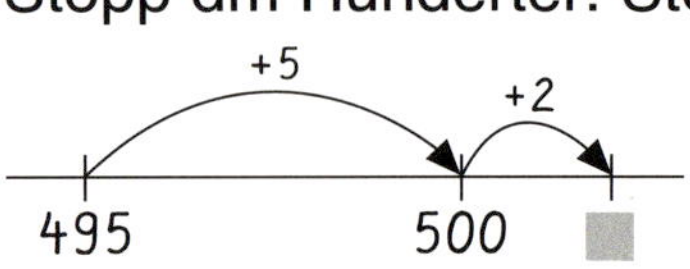

a) 495 + 7 b) 498 + 5 c) 596 + 6 d) 798 + 7
495 + 8 494 + 9 599 + 8 897 + 8
495 + 6 497 + 6 597 + 7 999 + 9

7

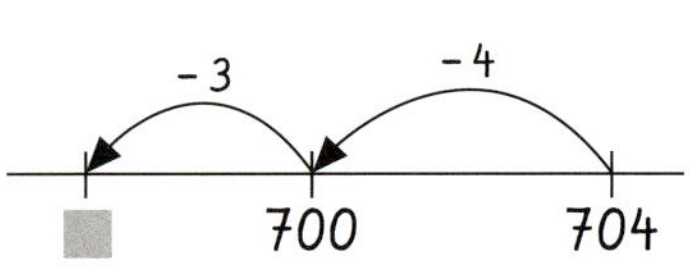

a) 704 − 7 b) 703 − 6 c) 605 − 9 d) 403 − 7
704 − 9 701 − 8 602 − 6 703 − 4
704 − 5 702 − 4 601 − 5 304 − 7

1 Rechne. Finde weitere Aufgaben nach der Regel.

a)	b)	c)	d)
300 + 200	200 + 140	250 + 300	440 + 130
400 + 200	200 + 240	350 + 300	340 + 230
500 + 200	200 + 340	450 + 300	240 + 330
□ + □	□ + □	□ + □	□ + □

2

	a)	b)	c)	d)	e)	f)
grün	□	□	□	□	□	□
rot	□	□	□	510	460	560
gelb	130	300	120	□	□	□
blau	200	120	240	300	360	240

3 Rechne. Finde weitere Aufgaben nach der Regel.

a)	b)	c)	d)
500 – 200	450 – 200	780 – 200	950 – 430
600 – 200	550 – 200	780 – 300	850 – 330
700 – 200	650 – 200	780 – 400	750 – 230

4 

a) oben: □; Mitte: 500, □; unten: 300, □, 250

b) oben: 730; Mitte: □, 420; unten: 210, □, 320

c) oben: □; Mitte: □, 340; unten: 340, 210, □

d) oben: 570; Mitte: 220, □; unten: 100, □, □

5

a) + 300 →

320	□
420	□
□	820
□	920

b) + 270 →

110	□
210	□
□	580
□	680

c) – 200 →

940	□
840	□
□	540
□	440

d) – 310 →

980	□
□	570
□	470
□	370

6 Wäscheleine

330 + 210

540 – 240

300 + 220

520 + 130

890 – 510

490 – 160

650 + 240

380 + 110

330 + 210 = 540
540 – 240 = □
300 + 220 = □
520 + 130 = □
□ + □ = □

7 Denke dir Aufgaben zu folgenden Ergebnissen aus.

a) 360 b) 720 c) 480 d) 270 e) 650 f) 810

Schärfung des Zahlenblicks

1

2 a) 251 + 300
251 + 30
251 + 3

b) 415 + 200
415 + 20
415 + 2

c) 304 + 300
304 + 30
304 + 3

d) 528 + 400
528 + 40
528 + 4

e) 119 + 500
119 + 50
119 + 5

124 169 254 281 307 334 354 417 435 532 551 568 604 615 619 928

3 a) 256 | 413 | 105 + 200 | 20 | 2

b) 346 | 505 | 630 + 300 | 30 | 3

c) 428 | 248 | 398 + 4 | 400 | 40

d) 217 | 327 | 497 + 5 | 500 | 50

a)
256 + 200 = 456
256 + 20 = ▢▢▢
256 + 2 = ▢▢▢

413 + 200 = ▢▢▢
413 + 20 = ▢▢▢
413 + 2 = ▢▢▢

105 + 200 = ▢▢▢
105 + 20 = ▢▢▢
105 + 2 = ▢▢▢

4 a) 657 – 400
657 – 40
657 – 4

c) 491 – 200
491 – 20
491 – 2

b) 875 – 300
875 – 30
875 – 3

d) 828 – 500
828 – 50
828 – 5

5 a) 794 | 888 | 965 – 300 | 30 | 3

b) 862 | 748 | 602 – 50 | 5 | 500

102 248 268 362 494 552 588 597 665 698 743 764 791 812 857 858 885 935 962

6 Darauf achtet Zahlix beim Rechnen.

a) 395 – 200
187 – 70
187 – 7
555 – 55

b) 780 – 600
780 – 80
780 – 6
780 – 60
544 – 40
865 – 200
777 – 30

c) 360 – 200
360 + 200
149 – 9
149 + 4

d) 255 – 30
255 + 600
888 – 6
888 – 88
547 + 20
547 – 400
547 + 200

1 Wenn du zu meiner Zahl 400 dazuzählst und dann 80 abziehst, erhältst du 500.

2 Wenn du zu meiner Zahl 200 dazuzählst und dann 70 abziehst, erhältst du 400.

3 Wenn du zu meiner Zahl 5 dazuzählst und dann das Ergebnis verdoppelst, erhältst du 400.

4 Wenn du von meiner Zahl 2 abziehst und das Ergebnis durch 10 teilst, erhältst du 7.

5 Wenn du von meiner Zahl 21 abziehst und sie dann mit 5 malnimmst, erhältst du 35.

6 Wenn du zu der Zahl 47 die Zahlen 28 und 400 dazuzählst, erhältst du meine Zahl.

7 Meine Zahl ist das Ergebnis aus drei zusammengezählten Zahlen. Die erste Zahl ist der Unterschied zwischen 1 000 und 800. Die 2. Zahl ist die Quadratzahl, die zwischen 30 und 40 liegt. Die 3. Zahl ist das Doppelte von 17.

8 Meine Zahl liegt zwischen 400 und 500. Die Zahl hat keine Einer. Die Quersumme ist 9.

9 Teile 36 durch 9. Nimm dann das Ergebnis mit 10 mal. Du erhältst so meine Zahl.

10 Zähle zu der Zahl 38 die Zahlen 27 und 600 dazu. Du erhältst so meine Zahl.

Fisch	1	2
Ergebnis	▢	▢
Buchstabe	S	▢

Zahlix und Zahline beobachten im S▢▢ eine ▢▢▢▢▢▢▢.

1 Wie rechnest du?

a) 460 + 70
450 + 60
480 + 50

b) 870 + 40
890 + 80
850 + 70

c) 580 + 40
520 + 90
560 + 60

d) 660 + 90
650 + 80
690 + 20

e) 380 + 30
350 + 70
390 + 60

410 420 450 510 530 530 610 620 620 630 710 730 750 910 920 970

2

a) + 50

70	■
270	■
271	■

b) + 40

80	■
380	■
384	■

c) + 70

170	■
470	■
475	■

d) + 80

50	■
550	■
556	■

e) + 60

180	■
380	■
382	■

3

a)

b)

c)
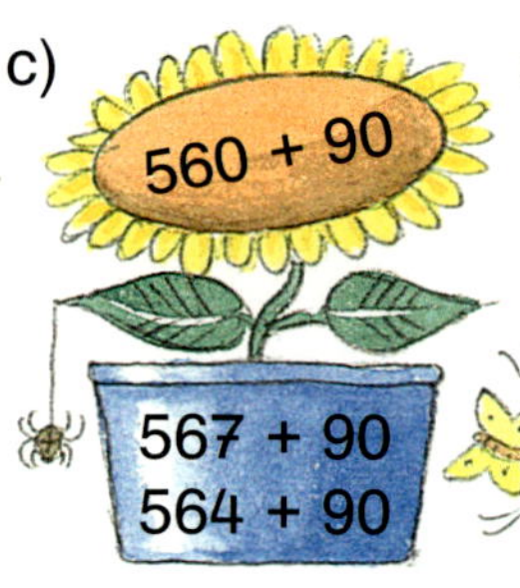

d)

e)
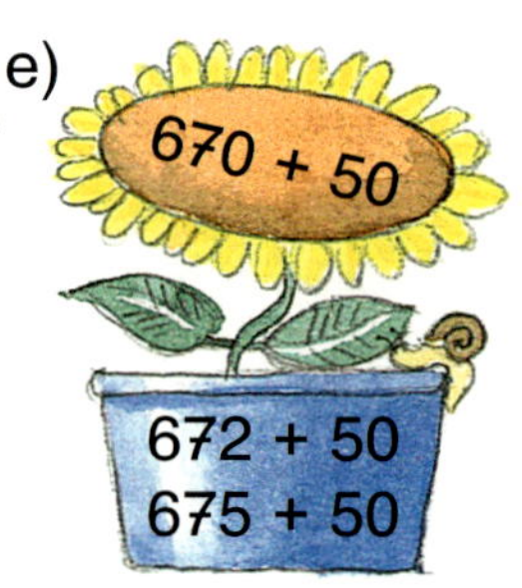

4 Wie heißt es auf Englisch?

WdZ

a)

180 + 30
350 + 50
100 + 80

b)

160 + 80
670 + 50
850 + 60

c)

390 + 90
800 + 64
290 + 60
190 + 80

d)

860 + 50 + 15
670 + 80 + 24
760 + 70 + 34
680 + 20 + 12

5 Rechne. Finde weitere Aufgaben nach der Regel.

a) 393 + 40
493 + 40
593 + 40
■ + ■

b) 287 + 30
387 + 30
487 + 30
■ + ■

c) 169 + 50
269 + 50
369 + 50
■ + ■

d) 375 + 60
475 + 60
575 + 60
■ + ■

1 Wie rechnest du?

a) 630 − 70
620 − 50
650 − 80

b) 460 − 80
410 − 40
420 − 30

c) 750 − 90
730 − 70
710 − 80

d) 550 − 70
520 − 60
560 − 90

e) 810 − 60
230 − 80
640 − 50

150 370 380 390 450 460 470 480 560 570 570 590 630 660 660 750

2

a)

− 70 →	
360	■
960	■
860	■

b)

− 50 →	
400	■
800	■
700	■

c)

− 90 →	
280	■
580	■
583	■

d)

− 80 →	
420	■
620	■
625	■

e)

− 60 →	
310	■
510	■
519	■

3

4 Welches Tier bleibt übrig?
Schreibe dazu selbst Schlüsselaufgaben.

WdZ

a) 240 − 80
230 − 40
310 − 70
850 − 50
240 − 60

b) 220 − 70
640 − 80
470 − 70
300 − 90
330 − 60

c) 560 − 80
600 − 6
310 − 40
220 − 80
860 − 5

d) 320 − 40
490 − 90
160 − 60
690 − 6
950 − 25

5 Rechne. Finde weitere Aufgaben nach der Regel.

a) 150 − ■ = 90
250 − ■ = 190
350 − ■ = 290
■ − ■ = ■

b) 340 − ■ = 300
340 − ■ = 290
340 − ■ = 280
■ − ■ = ■

c) 620 − ■ = 530
610 − ■ = 530
600 − ■ = 530
■ − ■ = ■

d) 730 − ■ = 670
740 − ■ = 670
750 − ■ = 670
■ − ■ = ■

Winterfest auf dem Ponyhof „Blitz“. Bei den Wettspielen arbeiten Teams mit jeweils zwei Kindern zusammen.

1 Schneeballweitwurf

a) Die Weiten von Tina und Adrian wurden zusammengezählt. 42 m haben sie zusammen geschafft. Adrian hat 6 m weiter geworfen als Tina.
Wie weit hat jedes Kind geworfen?

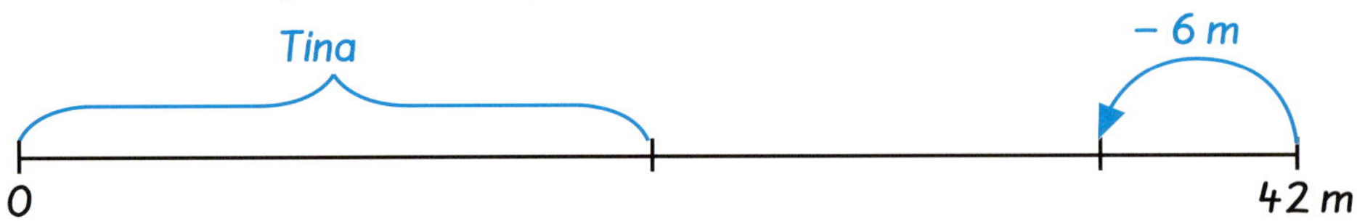

Eine Skizze hilft beim Lösen von Sachaufgaben.

b) Jonas und Seher haben zusammen 38 m geschafft.
Jonas hat 12 m weiter geworfen als Erkan. Zeichne eine Skizze.

c) Welches Kind hat am weitesten geworfen?

2 Lena und Tim haben zusammen 53 Schneebälle geformt.
Lena hat 17 Schneebälle mehr geformt als Tim. Zeichne eine Skizze.

3 Jan und Eva kaufen am Imbissstand ein.
Wie viel Euro kostet eine Breze, wie viel ein Schokobrötchen?

	Breze	Schokobrötchen	Preis zusammen
Jan		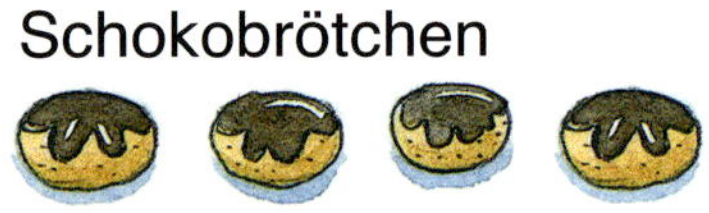	5,50 €
Eva		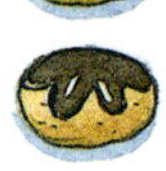	2,50 €
Unterschied		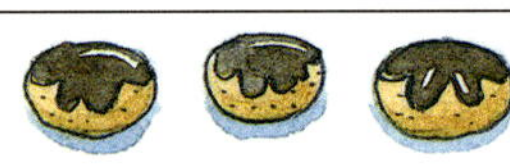	■ €

4 Frau Färber kauft am Getränkestand zwei Gläser Glühwein und zwei Gläser Kinderpunsch. Sie bezahlt 8 €.
Herr Simon kauft ebenfalls zwei Gläser Glühwein, dazu aber noch vier Gläser Kinderpunsch. Er bezahlt 11 €.
Wie viel Euro kostet ein Glas Glühwein, wie viel ein Glas Kinderpunsch?
Zeichne eine Skizze.

5 Wie viel Euro kostet eine Mini-Pizza, wie viel eine Käsestange?

	Pizza	Käsestangen	Preis zusammen
Kathrin			9 €
Georg		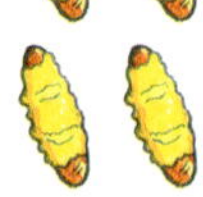	5 €

6 Pony Tapsi frisst an zwei Tagen einen Ballen Heu, Pony Carlos in drei Tagen einen Ballen. Wie viele Tage reichen 10 Ballen Heu für die beiden Ponys?

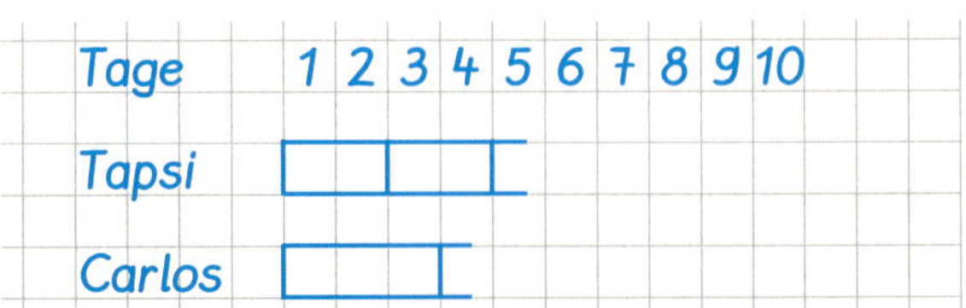

7 Bello frisst in vier Tagen einen Beutel Hundefutter, Asta frisst einen Beutel in drei Tagen.
Wie viele Tage reichen für beide 14 Beutel Hundefutter?

1

2

a)

	+ 16 →
28	
628	
928	

b)

	+ 18 →
43	
543	
843	

c)

	+ 25 →
36	
436	
636	

d)

	+ 35 →
17	
	252
	452

e)

	+ 17 →
	45
328	
	645

28 44 52 61 61 217 345 417 461 545 561 644 661 628 861 944

3

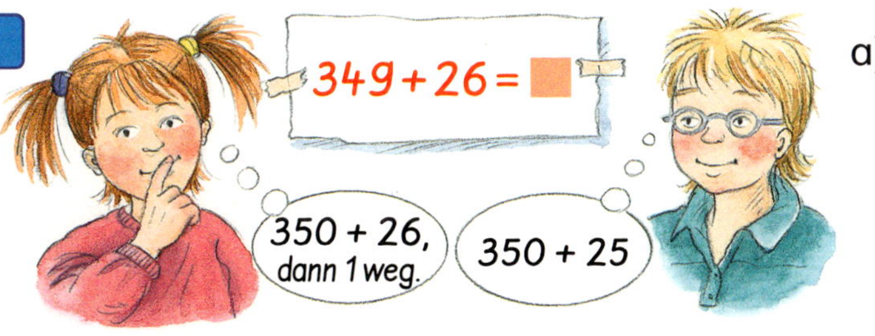

a) 349 + 26
539 + 35
549 + 49
269 + 27

b) 259 + 27
546 + 29
439 + 45
644 + 39

c) 69 + 424
39 + 534
63 + 419
23 + 259

282 286 296 375 387 482 484
493 573 574 575 598 683

4

5

a)

	– 16 →
32	
432	
932	

b)

	– 30 →
76	
276	
576	

c)

	– 24 →
41	
341	
741	

d)

	– 47 →
85	
	538
	838

e)

	– 58 →
	32
690	
	932

16 17 38 46 90 246 317 416 546 585 632 717 885 916 985 990

6

a) 500 – 25
295 – 25
503 – 8
491 – 23
462 – 57
470 – 38

b) 292 – 58
746 – 46
260 – 8
256 – 36
695 – 47
587 – 83

c) 268 – 34
300 – 45
561 – 39
702 – 6

d) 600 – 60
697 – 49
700 – 16
692 – 20
284 – 8
596 – 29
187 – 40

1 Wie rechnest du?

a) 679 + 43 b) 138 + 96 c) 458 + 74 d) 764 + 59 e) 358 + 57

2

a) 280 + 47, 288 + 47
b) 260 + 88, 265 + 88
c) 572 + 44, 572 + 49
d) 559 + 73, 378 + 46
e) 760 + 85, 348 + 64

3

a) +8

95	■
195	■
695	■

b) +25

87	■
287	■
887	■

c) +47

382	■
■	529
■	729

d) +68

251	■
■	419
■	819

e) +86

■	282
296	■
■	982

4

a) 349 + 76, 579 + 35, 579 + 29, 689 + 37
b) 159 + 87, 646 + 79, 489 + 45, 688 + 19
c) 59 + 474, 69 + 785, 83 + 889, 53 + 279

246 332 425 533 534 608 614
707 725 726 854 972 973

5 Achte auf Wecker-Aufgaben!

a) 61 | 120 | 349 (+) 51 | 250 | 349

b) 68 | 180 | 299 (+) 72 | 204 | 299

112 140 171 252 272 311 367 370 371 384 400 410 469 479 489 503 598 599 698

1 Wie rechnest du?

a) 834 − 67 b) 682 − 89 c) 453 − 84 d) 744 − 76 e) 623 − 64

2

a) 345 − 60, 345 − 68
b) 933 − 80, 933 − 87
c) 426 − 44, 426 − 48
d) 659 − 83, 800 − 92
e) 539 − 72, 423 − 48

3 Alle Ergebnisse haben die Quersumme 15.
Findest du zu jedem Päckchen noch eine Aufgabe?

a)	b)	c)	d)	e)
415 − 40	761 − 80	908 − 38	237 − 42	315 − 21
425 − 50	751 − 79	909 − 48	236 − 41	317 − 32
435 − 60	741 − 78	910 − 58	235 − 40	319 − 43
445 − 70	731 − 77	911 − 68	234 − 39	321 − 54
455 − 80	721 − 76	912 − 78	233 − 38	323 − 65

4

a) − 7

103	
203	
703	

b) − 24

118	
318	
618	

c) − 45

138	
338	
	593

d) − 68

416	
	548
	748

e) − 87

	365
652	
	765

5

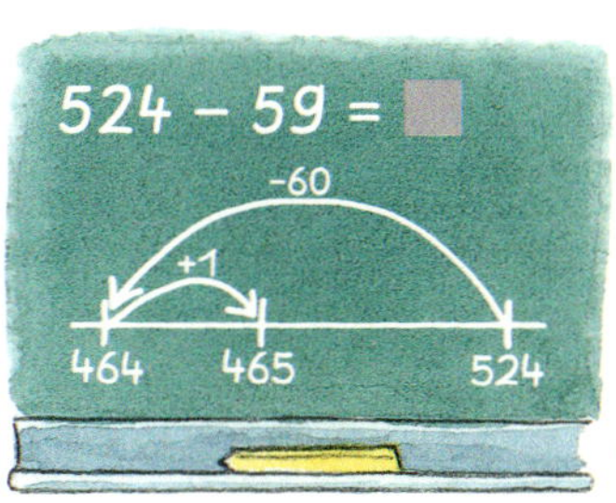

a)	b)	c)
524 − 29	733 − 79	242 − 69
418 − 59	625 − 69	315 − 79
727 − 69	457 − 89	452 − 89
813 − 19	987 − 99	157 − 99

58 173 236 359 363 368 457
495 556 654 658 794 888

6 Du erhältst den Namen eines Baumes.

a)	b)	c)	d)	e)
308 − 98	251 − 56	731 − 35	236 − 68	728 − 56
222 − 78	230 − 38	616 − 56	339 − 63	322 − 46
317 − 77	941 − 59	740 − 47	531 − 56	214 − 86
216 − 27	535 − 67	211 − 58	305 − 89	215 − 89
211 − 16	738 − 73	919 − 64	215 − 68	508 − 76

1 Sprecht über die Zahlenangaben.
a) Welche Angaben sind genau?
b) Welche Angaben sagen dir, wie viel es ungefähr ist?
c) Wann gebraucht man ungefähre Angaben, wann genaue?

2 Vanessa erzählt ihrer Freundin Miriam: „Mein neues Fahrrad darf höchstens 250 Euro kosten.“ Welches Fahrrad kann Vanessa bekommen?

3 Wie viel Euro kostet das Fahrrad ungefähr? Wie viel kostet es genau?

a)

a) genau: 2 9 9 €
ungefähr: 3 0 0 €

b)

4 Wie viel Euro kostet es ungefähr zusammen? Wie viel kostet es genau?

a)

Überschlag:
3 0 0 € + 5 0 € =
2 9 9 € + 4 9 € =

b)

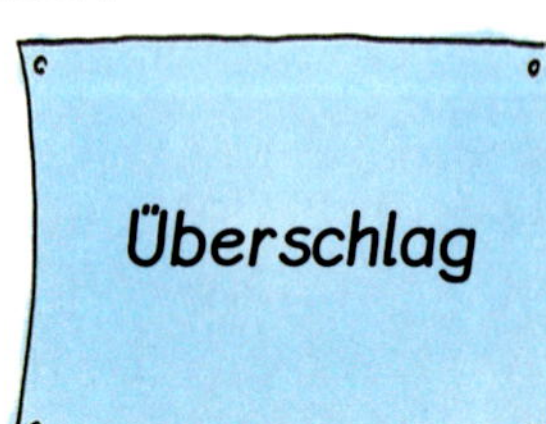

1 Lea bekommt zum Geburtstag von ihren Eltern das Rad für 249 € und den Fahrradcomputer für 52 €.

a) Welches Streifenmodell passt zu dieser Rechengeschichte? Begründe.
Zeichne das richtige Modell in dein Heft und ergänze die Euro-Beträge.

A

Preis Fahrrad	
Gesamtpreis?	Preis Computer

B

Gesamtpreis?	
Preis Fahrrad	Preis Computer

C

Preis Computer	
Preis Fahrrad	Gesamtpreis?

b) Aus dem Streifenmodell kannst du auch eine Dreierkette bilden:

Preis Fahrrad		Preis Computer		Gesamtpreis?
249 €	+	52 €	=	?

Zeichne die Dreierkette in dein Heft.
Wie viel kostet es ungefähr, wie viel genau?

Die Dreierkette zeigt Zusammenhänge auf.

Überschlag

2 Tom hat das Mountainbike für 349 € und einen Fahrradhelm für 53 € bekommen.

a) Zeichne eine Dreierkette und ergänze die Euro-Beträge.

b) Überschlage zuerst, dann rechne genau.

3 Nora hat das Fahrrad für 299 € und eine Fahrradbrille bekommen.
Die Eltern bezahlen 308 €.

a) Welches Glied der Dreierkette ist hier gesucht?

Preis 1		Preis 2		Gesamtpreis
■ €	●	■ €	=	■ €

b) Zeichne die Dreierkette ins Heft und ergänze die gegebenen Euro-Beträge.

c) Wie kannst du das gesuchte Glied ausrechnen? Überschlage und rechne aus.

4 Zu jeder Rechengeschichte gehört eine Dreierkette. Welche drei Glieder passen zusammen?

A *Das Rad für 389 € wird zum Sonderpreis von 315 € angeboten.*

B *Herr Meier bezahlt seine Rechnungen von 364 € mit acht 50-€-Scheinen.*

C *Zu ihrem Fahrrad kauft sich Frau Schmitt noch einen Korb für 24 €. Sie muss 313 € bezahlen.*

1 alter Preis
2 Preisnachlass
3 gegebenes Geld
4 Preis 1
5 Rückgeld
6 neuer Preis
7 Preis 2
8 Rechnungsbetrag
9 Gesamtpreis

Dreierkette
Immer drei Glieder gehören zusammen.

Zeichne die richtigen Dreierketten in dein Heft und rechne die gesuchten Glieder aus.

1 Suche dir Material aus dem Bastelgeschäft aus und lies deiner Partnerin das Preisschild vor. Benutze verschiedene Sprechweisen und schreibe wie Zahline auf drei Weisen.

2 Lege mit Rechengeld und schreibe so:
1 € 15 Ct = 115 Ct = 1,15 €

3 Schreibe die Beträge mit Komma. Lies sie dann vor.

a)	b)	c)	d)	e)
2 € 20 Ct	7 € 15 Ct	14 € 10 Ct	100 Ct	4 Ct
5 € 81 Ct	10 € 9 Ct	20 € 50 Ct	10 Ct	95 Ct
3 € 99 Ct	12 € 5 Ct	50 € 80 Ct	1 Ct	364 Ct

4 Wie viel Geld fehlt bis zum nächsten vollen Eurobetrag?

a)	b)	c)	d)	e)
3,90 € + ▢ € = 4,00 €	8,25 €	4,42 €	2,12 €	1,27 €
5,50 € + ▢ € = 6,00 €	6,13 €	9,05 €	4,48 €	8,54 €
7,35 € + ▢ € = 8,00 €	7,08 €	1,71 €	3,05 €	9,29 €

5 Wie viel Geld kosten Fingerfarben und Filzstifte ungefähr zusammen?
Verstehst du, wie Zahline gerechnet hat?

Pinsel	1,20 €
Lack	2,40 €
Seidenmalfarbe	2,35 €
Seidentuch	2,20 €
Schreibblock	0,75 €
Plakatkarton	0,59 €
Plakatstift	2,90 €
Filzstifte	2,99 €
Wachsmalstifte	3,70 €
Fingerfarben	4,90 €

6 Wie haben die Kinder den genauen Preis berechnet? Erkläre.

Pia
4,90 € + 2,99 € = 7,89 €
4,90 € + 2,00 € = 6,90 €
6,90 € + 0,99 € = 7,89 €

Jonas
4,90 € + 2,99 € = 7,89 €
4,90 € + 3,00 € = 7,90 €
7,90 € − 0,01 € = 7,89 €

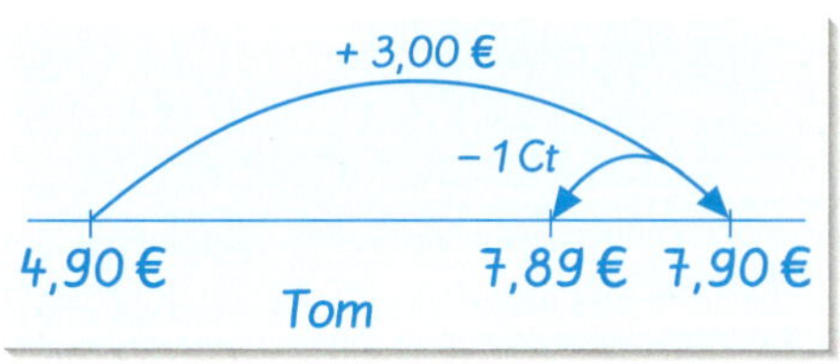

7 Wie viel Geld kostet es ungefähr zusammen? Wie viel kostet es genau?

a) Wachsmalstifte und Plakatkarton
b) Plakatstift und Schreibblock
c) Filzstifte und Lack
d) Seidenmalfarbe und Plakatstift

Arak und Ben

Bobbie

Dana

In der Hundepension sind vier Dackel in Pflege.
Die Dackel sollen acht Tage bleiben.

1 Bobbie bekommt jeden Tag einen Hundekuchen „Zahngut", um seine Zähne sauber zu halten.

F: *Wie teuer ist das „Zähneputzen" für Bobbie?*

L:

Hundekuchen „Zahngut"	*10 Stück*	*1 Stück*	*2 Stück*	*4 Stück*	*8 Stück*
Preis (Cent)	*150*	■	■	■	■

A: *Das Zähneputzen kostet für Bobbie ■ ■ €.*

b) Wie teuer ist das „Zähneputzen" für alle vier Dackel zusammen?

2 Als Leckerei fressen alle Dackel zusammen an einem Tag 25 Röllchen.
Löse mithilfe einer Rechentabelle.
a) Wie viele Röllchen fressen sie in den acht Tagen?
b) Wie viele Dosen Röllchen müssen Karolins Eltern für die Dackel kaufen?

3 Dana frisst täglich fünf Knochen. Wie viele Tage würde die Packung reichen?

Knochen	5	10	100
Tage	1	2	

Knochen	5	50	100
Tage	1	■	■

4 Arak mag am liebsten Geflügelcräcker. Jeden Tag darf er sechs Stück fressen. Wie viele Tage würde die Packung reichen?

5 Das Futter für einen aufgenommenen Zwergdackel kostet Karolins Eltern täglich 3,50 €.
a) Wie viel Euro geben sie jeden Tag für die vier Dackel aus?
b) Wie viel Euro geben sie in acht Tagen für die vier Dackel aus?

6 Jeder der vier Dackel bekommt täglich 5 Leckerli. In den acht Tagen verbrauchen sie vier Packungen. Wie viele Leckerli sind in einer Packung?

1

398 + 6 =
597 − 58 =
539 + 59 =
798 − 400 =
404 + 200 =
604 − 7 =
598 + 200 =

2

350 + 270 =
578 + 50 =
585 − 7 =
650 + 80 =
730 − 380 =
628 + 22 =
620 − 35 =

3

280 + 65 =
296 − 100 =
196 + 77 =
238 + 42 =
200 + 38 =
345 − 49 =
273 − 73 =

1 a) 480 + 40
483 + 40
485 + 40
487 + 40

b) 60 + 770
62 + 770
65 + 770
68 + 770

2 a) 630 − 70
632 − 70
634 − 70
636 − 70

b) 920 − 50
920 − 53
920 − 55
920 − 57

3 a) 857 − 80
855 − 80
853 − 80

b) 510 − 34
510 − 36
510 − 38

1 Welches ist das richtige Spiegelbild?

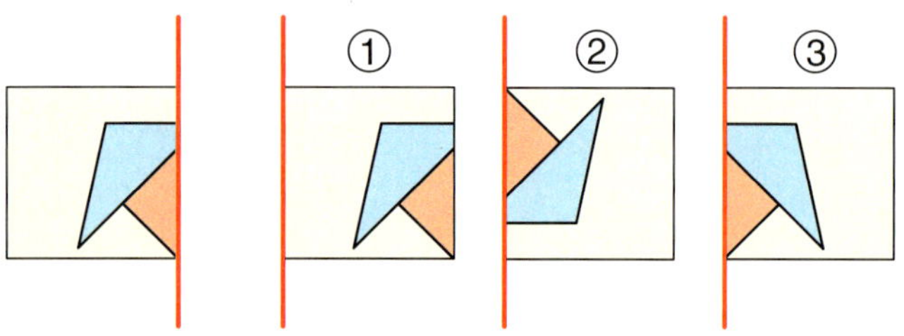

2 Wie viele Symmetrieachsen haben die Figuren?

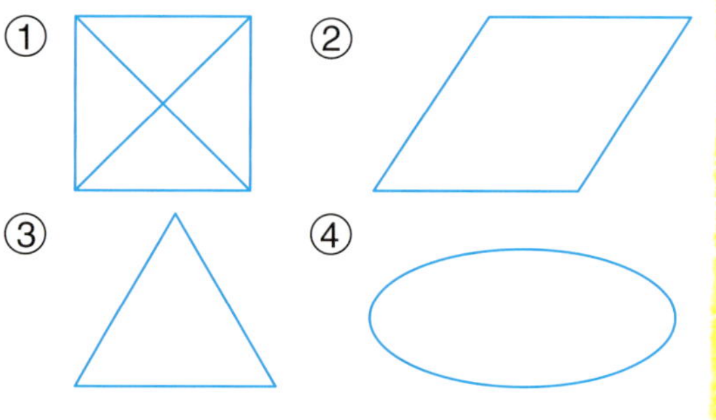

3 Stelle einen Spiegel auf die roten Linien (Symmetrieachsen). Zeichne die Muster so, wie sie im Spiegel aussehen.

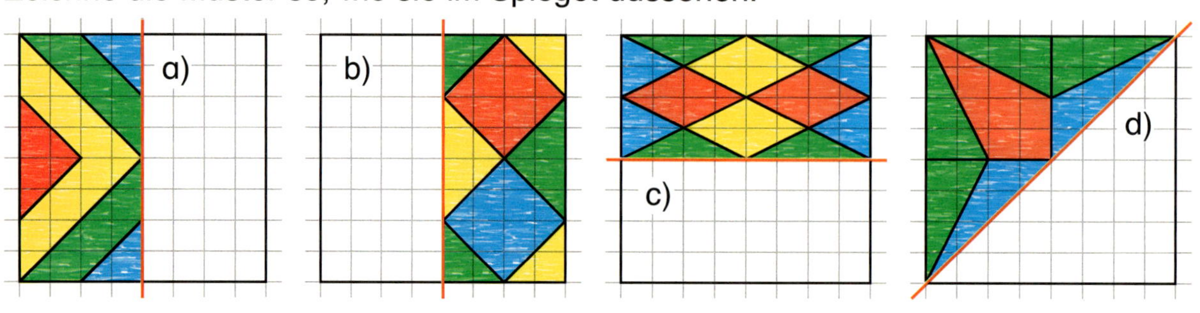

1

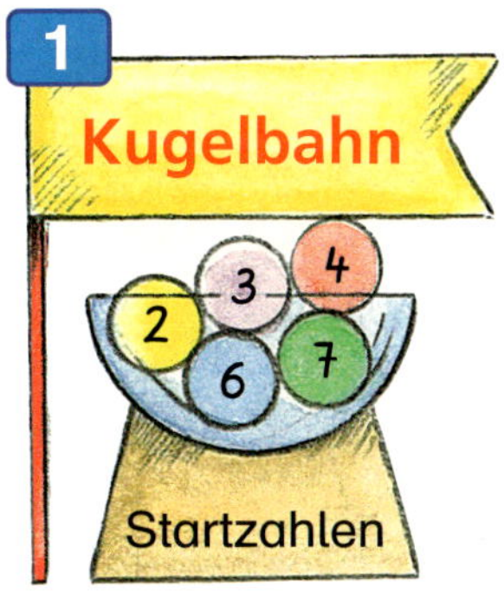

a) b) c)

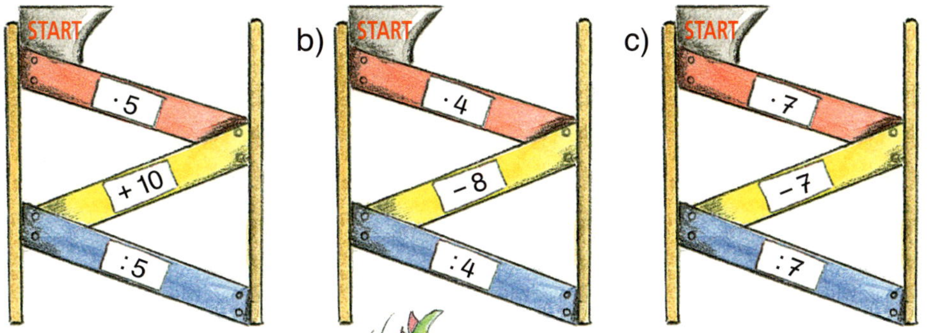

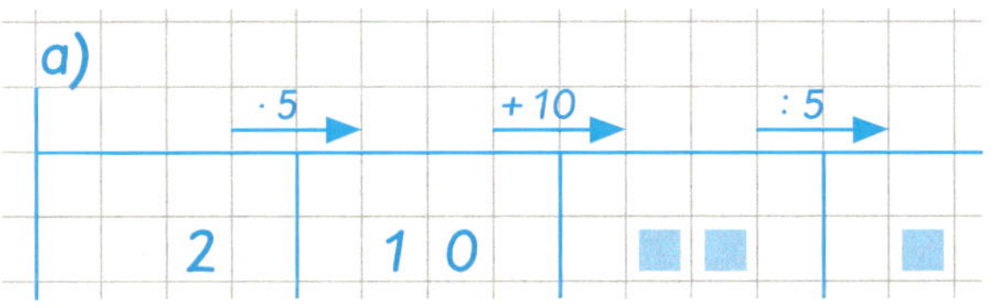

2

a)	b)	c)	d)
9 · 4 + 145	10 · 8 + 191	36 : 6 + 235	36 : 4 + 27
8 · 7 + 231	9 · 9 + 101	42 : 7 + 156	56 : 8 + 33
8 · 9 − 34	7 · 8 − 17	45 : 9 + 242	72 : 9 + 266
7 · 7 − 12	6 · 6 − 2	64 : 8 + 274	48 : 6 + 148

34 36 37 38 39 40 156 ,162 172 181 182 241 247 271 274 282 287

3 Setze ein: <, > oder =.

a)	b)	c)	d)
6 · 7 ◯ 4 · 8	5 · 3 ◯ 4 · 4	7 · 5 ◯ 4 · 9	5 · 8 ◯ 4 · 10
9 · 2 ◯ 3 · 6	8 · 2 ◯ 3 · 7	6 · 4 ◯ 3 · 8	7 · 7 ◯ 9 · 5
7 · 8 ◯ 6 · 9	6 · 6 ◯ 3 · 9	4 · 7 ◯ 9 · 3	6 · 9 ◯ 8 · 8

1 a) b) c)

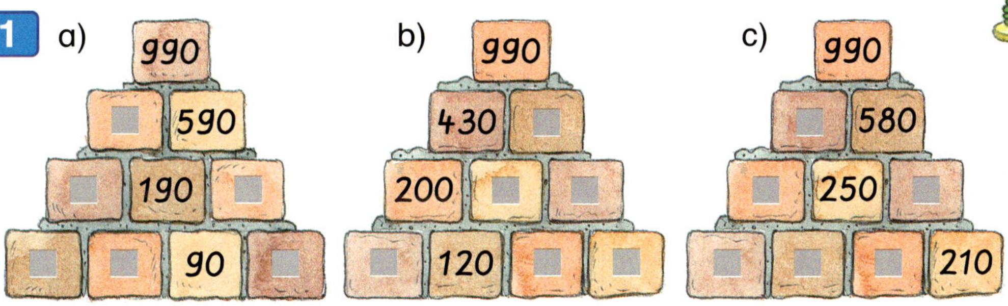

d) Findest du noch weitere Zahlenmauern zur 990?

2 Wie heißt die Zahl?

a) Sie hat drei gleiche Ziffern und liegt zwischen 250 und 400.

b) Sie hat drei gleiche Ziffern. Ihre Quersumme ist 21.

c) Ihre Quersumme ist 10. Am nächsten an der Zahl liegt 360.

d) Ihre Quersumme ist 15. Am nächsten an der Zahl liegt 450.

e) Ihr nächster Nachbarhunderter ist 900. Ihre Quersumme ist 26.

f) Ihr nächster Nachbarhunderter ist 500. Ihre Quersumme ist 22.

Pokalaufgaben: Aufgaben mit erhöhtem Anspruch

Längen

Länge des Basketballfeldes:
28 ■

Länge des Weges von zu Hause zur Turnhalle:
ungefähr 4 ■

Durchmesser des Basketballkorbs:
0,45 ■

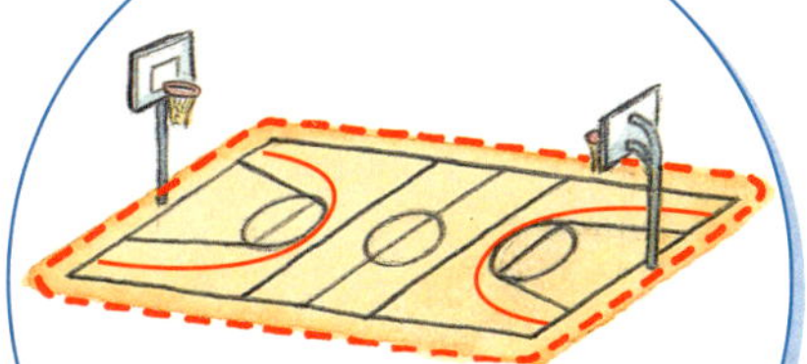

Eine Runde in der Turnhalle:
80 ■

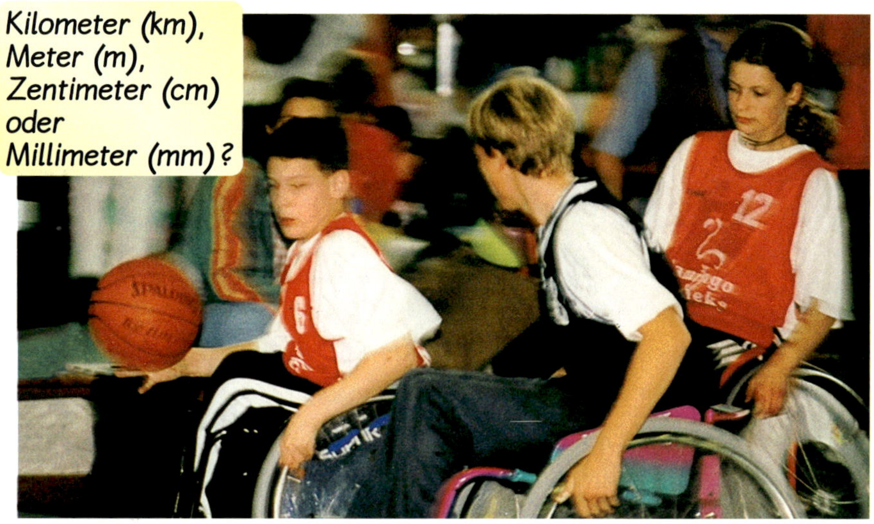

Umfang des Basketballs:
70 ■

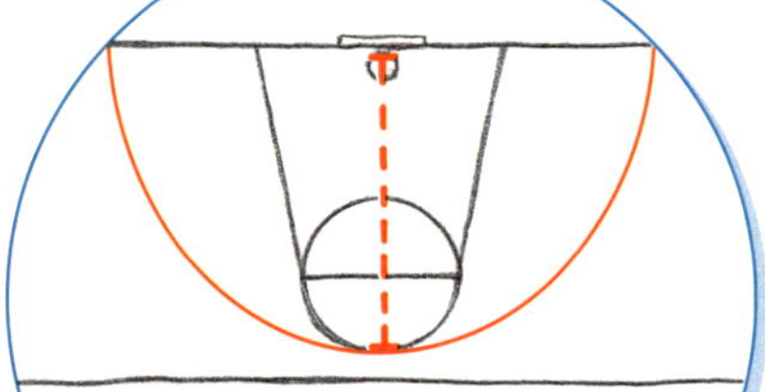

Entfernung der Drei-Punkte-Zone zum Korb:
6,25 ■

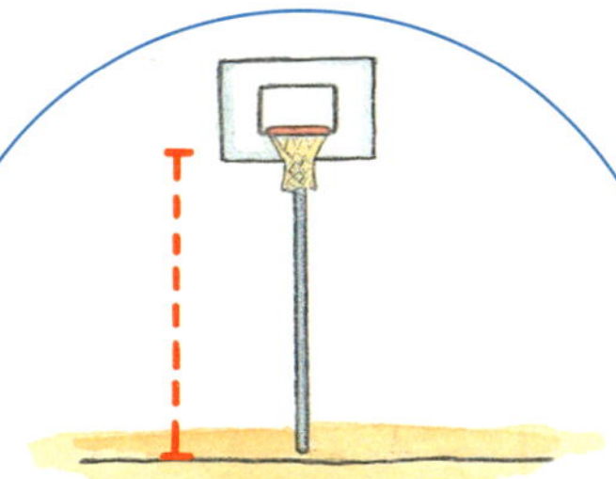

Höhe des Basketballkorbs:
3,05 ■

1 Ordne zu: 10 mm 110 m 24 cm 8 m 1 km 50 cm

Schuhlänge Schrittlänge Daumenbreite Schulweg Fußballfeld Straßenbreite

2 Wie lang ist der Schulweg der Kinder?

Lea: 150 m + ■ = 1000 m

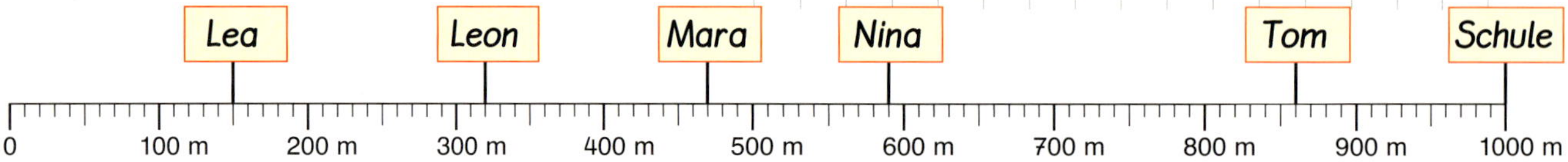

3 Ergänze auf 1 Kilometer.

a)	b)	c)	d)
230 m	910 m	720 m	329 m
640 m	50 m	98 m	5 m

500 m + ■ = 1 km

1 Wie lang ist der Streifen? Sebastian meint: „Etwas länger als 6 Zentimeter." Sabrina sagt es genauer: „6 Zentimeter und 3 Millimeter." Hakan sagt: „Es sind 63 Millimeter."

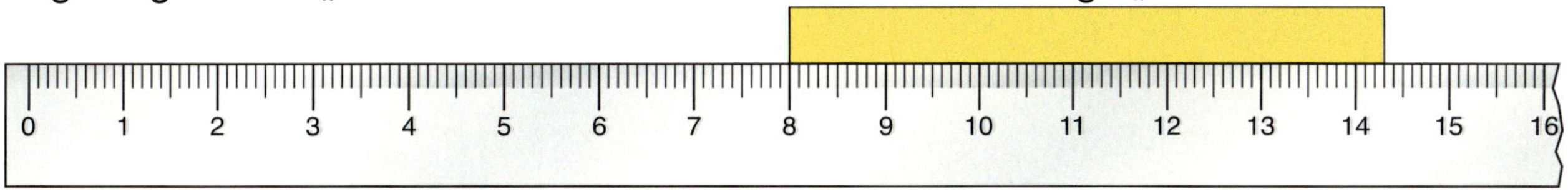

Mein Merkheft

1 cm = 10 mm

1 Zentimeter hat 10 Millimeter.

2 Hier sind Schmetterlinge in Originalgröße abgebildet. Hast du sie schon einmal gesehen? Vergleiche ihre Größe, miss ihre Körperlänge und Spannweite. Schätze zuerst.

Kleiner Eisvogel

Tagpfauenauge

Bläuling

3 So groß sind Insekten:

Fliege 17 mm	Biene 16 mm	Mücke 11 mm	Libelle 66 mm
Wespe 22 mm	Hummel 23 mm	Hornisse 25 mm	

a) Zeichne die Körperlänge der Insekten mit dem Lineal als Strecke in dein Heft.
   |———| Fliege (17 mm)

b) Sind die Bienen auf dem Foto größer oder kleiner als in Wirklichkeit?

c) Schätze zuerst, lies dann im Lexikon nach. Wie groß ist
   ein Marienkäfer, ein Floh,
   eine Ameise, eine Blattlaus?

4 Zeichne: a = 8 cm   b = 12 cm   c = 19 cm   d = 22 cm

5 Zeichne mit dem Lineal die Strecken. Wie viel Millimeter sind es?
a = 6 cm 5 mm   b = 3 cm 3 mm   c = 5 cm 7 mm   d = 1 cm 4 mm

6 Wie viel Zentimeter und Millimeter sind es? Zeichne auch diese Strecken.
a = 77 mm   b = 46 mm   c = 90 mm   d = 105 mm   e = 114 mm

7 Schätze zuerst, miss dann nach. Gib die Länge in mm an, schreibe auch in cm und mm.
Radiergummi   Bleistift   Spitzer   Buntstift   Mäppchen

Meter und Zentimeter

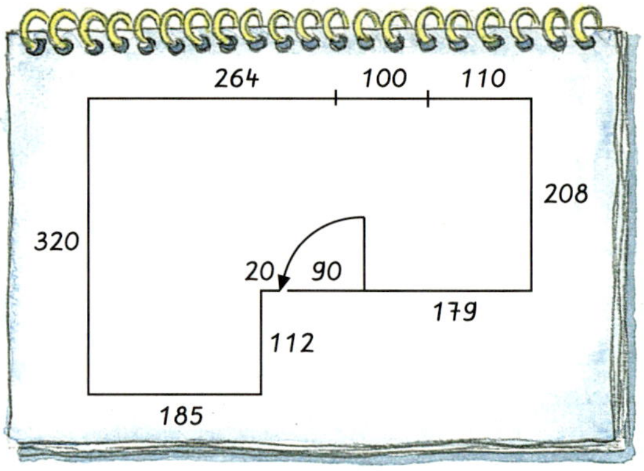

1 Bald will Florians Familie umziehen. Das ist der Plan von Florians neuem Kinderzimmer. Was bedeuten die Zahlen im Plan?

2 Gib die Längen in Meter und Zentimeter an.
Schreibe so: 264 cm = 2 m 64 cm

Mein Merkheft

1 m = 1 0 0 c m

1 Meter hat 1 0 0 Zentimeter.

3 Florian hat die Breite der Möbel aus seinem alten Kinderzimmer gemessen. Wie viel Zentimeter sind es? Wo kann Florian die Möbel hinstellen?

Kleiderschrank	1 m 70 cm	Schreibtisch	1 m 65 cm
Spielzeugkiste	1 m 10 cm	Garderobe	1 m 9 cm
Bett	2 m	Schrank	2 m 26 cm

4 Schreibe in Zentimeter.

a) 3 m 65 cm
4 m 27 cm

b) 1 m 50 cm
8 m 20 cm

c) 6 m 5 cm
9 m 8 cm

d) 10 m 50 cm
10 m 25 cm

5 Florian bekommt für sein Zimmer ein Regal. Die Regalbretter sind 1 m lang. Passen diese Dinge nebeneinander auf ein Regalbrett?

a) Rucksack und Teddybär
b) Radio und Inline-Skates
c) Spiele-Magazin-Koffer und Rucksack
d) Ball, Inline-Skates und Rucksack

6 Was passt noch neben Teddybär und Büchern auf ein Regalbrett?

7 Millimeter, Zentimeter, Meter oder Kilometer?

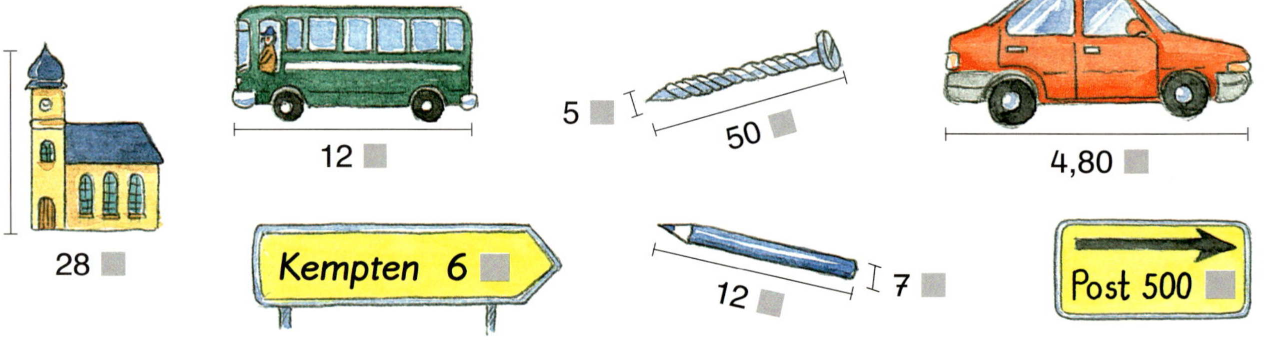

Kommaschreibweise bei Meter und Zentimeter

1 a) Wo stehen diese Verkehrszeichen?
b) Was bedeuten diese Verkehrszeichen?
c) Wie viel Meter und Zentimeter sind es?

m	cm	
2	1	0

Mein Merkheft

Das Komma trennt Meter und Zentimeter.

2

a) Florians Vater hat für den Umzug einen Lastwagen gemietet. Er ist 3,62 m hoch und 2,70 m breit. Wo kann er hindurchfahren, wo nicht?

b) Florians Onkel hilft beim Umzug. Sein Transporter ist 2,57 m hoch und 1,94 m breit. Wo kann er hindurchfahren, wo nicht?

3 Gib die Breite oder die Höhe auf den Schildern auch in den anderen Schreibweisen an.
Schreibe: a) 2,75 m = 2 m 75 cm = 275 cm

4 Übertrage die Tabelle in dein Heft und fülle sie aus.

135 cm	■	■	200 cm	■	108 cm	■	95 cm
1 m 35 cm	2 m 15 cm	■	■	3 m 40 cm	■	■	■
1,35 m	■	4,50 m	■	■	■	2,05 m	■

5 Florians Mutter besorgt im Baumarkt Fußleisten.
Sie findet einige Sonderangebote in der Restekiste.
Lege zwei Leisten aneinander. Wie lang sind sie zusammen?
a) Gib fünf Beispiele an.
b) Es gibt zehn verschiedene Aufgaben, aber nur neun verschiedene Längen. Findest du sie alle?

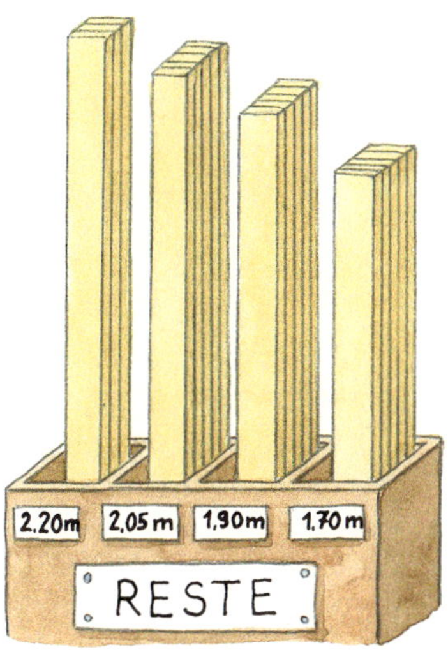

6 a) Drei Leisten aneinandergelegt sollen zwischen 6 m und 6,50 m lang sein. Es gibt verschiedene Möglichkeiten. Gib drei Beispiele an.
b) Du kannst mit drei Leisten auch genau 6 m erreichen. Es gibt zwei Möglichkeiten. Findest du beide?

7 Die beiden Ergebnisse ergeben zusammen immer 5,50 m.

a) 10,00 m – 5,40 m
8,30 m – 7,40 m

b) 6,50 m – 3,80 m
5,30 m – 2,50 m

c) 9,40 m – 5,80 m
6,80 m – 4,90 m

1 Der Schulgarten soll einen neuen Zaun erhalten. Der Hausmeister hat die Länge und die Breite gemessen: Länge 84 m, Breite 60 m. Für zwei Tore bleiben 4 m frei.

Skizze

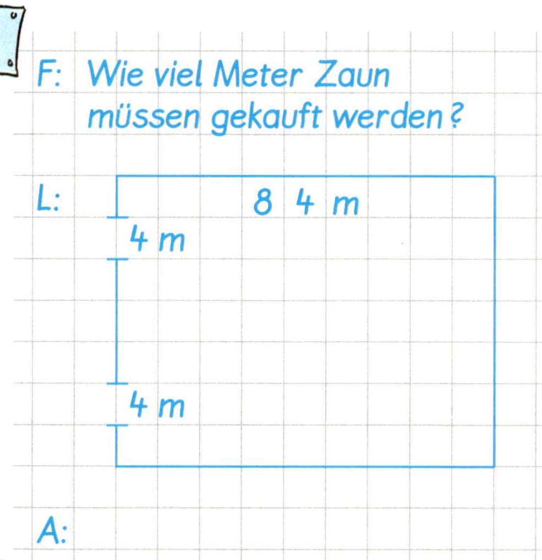

2 Der Zaun besteht aus einzelnen Stücken. Jedes Stück ist 4 m lang. Wie viele einzelne Stücke braucht man?

3 Die beiden Tore sind an einer der kurzen Seiten. Wie viele Zaunstücke braucht man für diese Seite? Wie viele Pfosten müssen an dieser Seite eingesetzt werden?

4 Der Teich im Schulgarten erhält eine neue Folie.
a) Setze die Tabelle fort bis 10 m.
b) Vergleiche die Preise für 12 m Folie.
c) Wie teuer sind 7,50 m der dicken Folie?

Rechentabelle

Länge	Dicke 0,5 mm	Dicke 1 mm
1 m	10,50 €	18,00 €
2 m	21,00 €	36,00 €
3 m		

5 Für den Teich werden 14 m Folie benötigt.
Vergleiche die Preise. Wie viel Euro ist die dünne Folie günstiger?

Streifenmodell

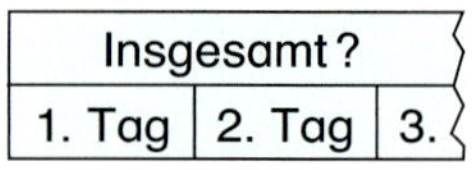

6 Die Wege im Schulgarten werden mit neuen Platten ausgelegt. An zwei Tagen werden je 109 m verlegt, am dritten Tag dann noch 96 m.

7 Beim Schulgartenfest soll gegrillt werden. In die Klassen 1 und 2 gehen 103 Kinder, in den Klassen 3 und 4 sind 108 Kinder und in den Klassen 5 und 6 genau 87 Kinder. Jedes Kind soll eine Bratwurst bekommen.

8 Beim Fest werden insgesamt 680 € eingenommen, davon 280 € durch Getränke und 340 € durch Speisen. Der Rest wird durch den Verkauf von Blumensetzlingen verdient. Ein Setzling kostet 3 €. Wie viele Setzlinge werden verkauft?

9 Eine Schnecke ist in den Brunnen gefallen. Der Brunnen ist 2 m tief. Jeden Tag kriecht die Schnecke 90 cm hoch. In jeder Nacht rutscht sie aber einen halben Meter wieder nach unten. Am wie vielten Tag kommt sie wieder aus dem Brunnen heraus?

1 Herr Walter fuhr an drei Tagen insgesamt 850 Kilometer.
Am ersten Tag waren es 280 km, am zweiten 320 km.

F: *Wie viele Kilometer fuhr er am dritten Tag?*

L:

Insgesamt 850 km		
1. Tag 280 km	2. Tag 320 km	3. Tag ? km

280 km + 320 km = ?   850 km −

A: ▢

2 Herr Seifert von der Firma Scheuble fuhr von Montag bis Donnerstag 430 Kilometer. Am Montag und Dienstag waren es jeweils 95 Kilometer, am Mittwoch 130 Kilometer. Wie viele Kilometer fuhr er am Donnerstag? Löse mit einem Streifenmodell wie bei Aufgabe 1.

3 Hier sind noch zwei Streifenmodelle. Denke dir zu jedem mindestens eine Rechengeschichte aus.

a)

?		
165	215	121

b)

520	
290	?

4 Herr Kraft machte mit Freunden eine Fahrradtour. Am ersten Tag legten sie 115 km zurück. Wegen einer Panne kamen sie am zweiten Tag nur 65 km weit.
Am dritten Tag schafften sie dagegen doppelt so viel wie am zweiten Tag. Wie weit sind sie insgesamt gefahren?

5 Frau Wünsche fährt montags bis freitags mit dem Auto zur Arbeit. Hin und zurück sind es 40 Kilometer. Wie viele Kilometer fährt sie in einer Arbeitswoche?

1 Tag	2 Tage	3 Tage	4 Tage	5 Tage
40 km	80 km	▢	▢	▢

Rechentabelle

6 Frau Goller wohnt 16 Kilometer von ihrer Firma entfernt.
a) Wie viele Kilometer fährt sie täglich hin und zurück?
b) Wie viele Kilometer fährt sie in einer Arbeitswoche? Löse mit einer Tabelle.

7 Frau Fröhlich fährt täglich mit dem Auto zur Arbeit. Sie wohnt 30 km von der Firma entfernt. Für die einfache Strecke ist sie 20 Minuten unterwegs.
a) Wie viele Kilometer fährt sie in einer Woche (5 Tage)?
b) Stimmt das? In einem Monat fährt sie weniger als 1000 km.

Ergebnis überprüfen
Antwort

8 Familie Huber machte eine Fahrradtour über insgesamt 170 km. Am ersten Tag legten sie 75 km zurück. Am zweiten Tag fuhren sie 15 km weiter als am dritten Tag.
Wie weit sind sie jeweils am zweiten und am dritten Tag gefahren?

Informationen entnehmen

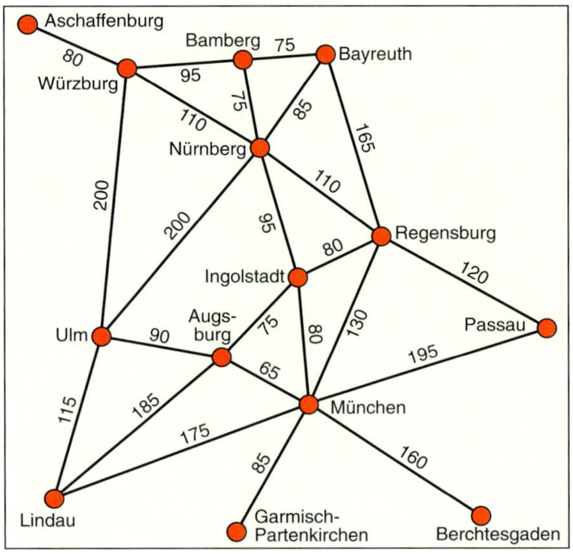

1 Familie Münzig will von Augsburg über Ingolstadt nach Nürnberg fahren.

F: Wie lang ist die Fahrstrecke?

L: 7 5 k m + 9 5 k m = ■

A: ■

2 Wie weit ist es?

a) München – Nürnberg – Würzburg

b) Lindau – München – Regensburg

c) Aschaffenburg – Bayreuth – Passau

3 Finde die kürzeste Fahrtstrecke heraus. Schreibe auf, über welche Städte man fährt.

a) von Garmisch-Partenkirchen nach Bayreuth b) von Aschaffenburg nach Augsburg

4 Herr Gruber ist von Aschaffenburg nach München gefahren und hat 430 km zurückgelegt. Welche Strecke ist er gefahren?

5 Frau Steiner fährt von Lindau über Ulm nach Nürnberg zu einer Ausstellung und kehrt am Abend wieder auf demselben Weg nach Lindau zurück.

Streifenmodell

6 Herr Lauer ist auf dem Weg von Aschaffenburg über Nürnberg nach Regensburg. Während einer Pause sieht er auf dem Kilometerzähler, dass er bereits 210 km gefahren ist.

?		
80 km	■	■

■	
210 km	?

7 Frau Meier macht mit ihrem neuen Auto eine Ausflugsfahrt von Augsburg über Ulm, Nürnberg, Würzburg und wieder über Ulm zurück nach Augsburg.
Die erste Pause macht sie nach 220 km, die zweite nach weiteren 210 km.
Die restliche Strecke legt sie ohne Pause zurück.

8 Herr Seitz aus Ulm besucht seine Mutter zum 85. Geburtstag. Am Abend fährt er wieder zurück nach Ulm. Bei der Abfahrt zeigt sein Kilometerzähler 0260.
Was zeigt der Kilometerzähler bei der Rückkehr?

9 Herr Huber fährt von Berchtesgaden nach Ingolstadt. Bei der Abfahrt zeigt der Kilometerzähler 0170.

a) Was zeigt der Kilometerzähler in München? b) Was zeigt er in Ingolstadt?

10 Frau Schmidt fährt von Passau nach Nürnberg. Bei der Abfahrt zeigt ihr Kilometerzähler 0310. Nach einer Stunde Fahrtzeit zeigt er 0430. Wie weit muss sie noch fahren?

Kartei

11 Erfinde selbst Aufgaben.

Eine Aufgabe ist eine „Kapitänsaufgabe“.

1 In welchem Monat ist Laura geboren? An welchem Tag?

2 Wie alt wurde Laura an ihrem Geburtstag?

3 Wie viele Tage wohnte Laura am Geburtstag schon in der Wohnung?

4 Björn ist im Sommer geboren. In welchem Monat?

5 Björn sagt: „Ich bin zwei Jahre älter als du." Laura sagt: „Nein, weniger."

6 An welchem Datum ist Laura umgezogen?

7 Wie lang ist Lauras Bett? Und wie breit?

8 Wie lang ist Björns Zimmer? Und wie breit?

9 Wie viele Stofftiere hat Laura jetzt?

10 Wie viele Stofftiere hat Bea weniger als Laura?

11 In welcher Straße wohnt Laura?

Lauras Umzug

Laura weiß es noch ganz genau, denn es ist ja noch nicht so lange her. Es war genau eine Woche nach Neujahr und zwei Wochen vor ihrem Geburtstag. (An den Wochentag erinnert sie sich nicht mehr.)

Sie war noch acht Jahre alt und Björn, ihr Bruder, zehn, als sie in ihre neue Wohnung zogen. Den Namen der Straße fand sie sehr schön und die Hausnummer auch: Blumenstraße 248. Björn fand das auch, denn in der Hausnummer ist sein Geburtstag versteckt.

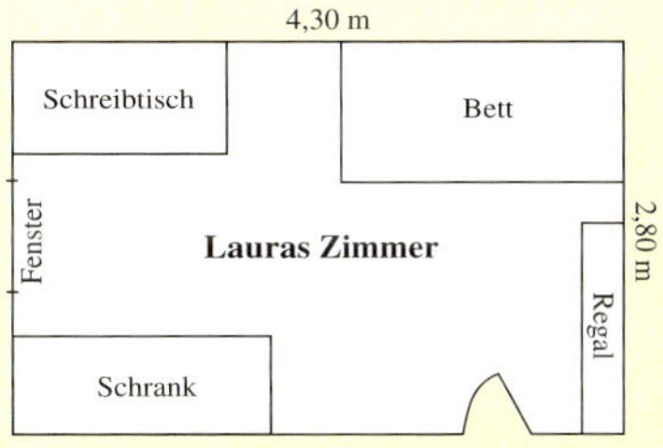

Laura und Björn freuten sich auf ihre neuen Kinderzimmer. Sie hatten sie schon vorher ausgemessen. Lauras Zimmer war 75 cm schmaler, aber 50 cm länger als Björns. Laura überlegte, wo sie ihr Bett hinstellen sollte. Vor allem brauchte sie einen guten Platz für ihr Regal, auf das sie ihre Stofftiere stellen wollte. Laura sammelt nämlich Stofftiere, sie hatte damals schon 38 Stück. Heute hat sie noch fünf mehr. Ihre Freundin Bea hat erst 22.

Aus ihrem Fenster konnte Laura auf die Straße und den Garten gegenüber sehen. Als sie ankamen, ging sie zum Fenster, schaute hinaus und …

12 Bea wohnt zwei Straßen weiter. In welcher Straße wohnt sie?

13 Die Hausnummer von Beas Wohnung ist um 120 kleiner.

14 Was sah Laura, als sie aus dem Fenster schaute? Schreibe die Geschichte zu Ende.

Eine Aufgabe ist eine „Kapitänsaufgabe".

1 Erkläre, wie Georg rechnet.

3 E + 4 E = 7 E

1 Z + 3 Z = 4 Z

2 H + 4 H = 6 H

2 Zuerst die Einer, dann die Zehner, dann die Hunderter.

a)

	H	Z	E
	3	4	4
+	1	2	5

b)

	H	Z	E
	6	7	1
+	2	1	8

c)

	H	Z	E
	5	4	6
+	2	4	1

d)

	H	Z	E
	4	2	9
+	3	3	0

3

a) 341 + 258

b) 558 + 321

c) 361 + 538

d) 833 + 165

1 Lege mit Rechengeld, dann zähle zusammen. Schreibe wie Zahlix und Zahline.

100	10	1
2	5	8
1	2	6

100	10	1
3	4	6
2	3	9

100	10	1
3	2	8
1	4	5

2 Erkläre, wie Georg rechnet.

6 E + 2 E = 8 E

5 Z + 7 Z = 12 Z

3 H + 4 H = 7 H

3 Zuerst die Einer, dann die Zehner, dann die Hunderter. Übertrag aufschreiben.

	H	Z	E
a)	4	8	3
+	2	5	1
b)	2	7	5
+	4	5	3
c)	2	9	4
+	3	6	2
d)	1	6	5
+	5	8	2
e)	3	5	4
+	5	9	2
f)	5	8	1
+	2	7	5

4 Schreibe untereinander, dann rechne.

a) 118 + 137
457 + 215

b) 256 + 463
346 + 392

c) 57 + 261
382 + 63

d) 38 + 191
472 + 56

e) 259 + 436
69 + 321

Zuerst die Einer,
5 E + 7 E = 12 E

dann die Zehner,
7 Z + 8 Z = 15 Z

dann die Hunderter
3 H + 4 H = 7 H

1 Zuerst die Einer, dann die Zehner, dann die Hunderter.

	H	Z	E
a)	3	2	5
+	4	9	6

	H	Z	E
b)	2	7	4
+	4	5	8

	H	Z	E
c)	5	8	7
+	2	5	7

	H	Z	E
d)	2	8	5
+	5	6	9

	H	Z	E
e)	7	6	7
+	1	5	4

	H	Z	E
f)	5	4	6
+	3	9	7

732 821 844 854 873 921 943

2 a) 324 + 237 b) 458 + 324 c) 492 + 281 d) 563 + 286 e) 451 + 287 f) 428 + 281 g) 589 + 338

561 709 738 773 782 849 891 927

Mein Merkheft

H	Z	E
3	7	6
+ 4	5	8
	1	1
8	3	4

Einer unter Einer, Zehner unter Zehner,

Hunderter unter Hunderter.

Beim Rechnen mit den Einern beginnen.

3 Schreibe richtig untereinander. Aufpassen!

a) 382 + 57
238 + 49

b) 67 + 226
78 + 444

c) 85 + 585
73 + 408

d) 206 + 439
283 + 407

e) 382 + 54
66 + 257

287 293 323 346 436 439 481 522 645 670 690

4 a) Zähle zusammen 256 + 375. b) Berechne das Doppelte von 137. c) Ist 266 + 388 größer als 584? d) Ist 437 + 189 kleiner als 625?

5 a) Berechne 137 + 228. b) Berechne das Doppelte von 228. c) Zähle die Ergebnisse von a) und b) zusammen. d) Ergänze bis 1000.

6 Zum Knobeln. Für alle drei Aufgaben gilt: Gleiches Zeichen, gleiche Ziffer.

a)

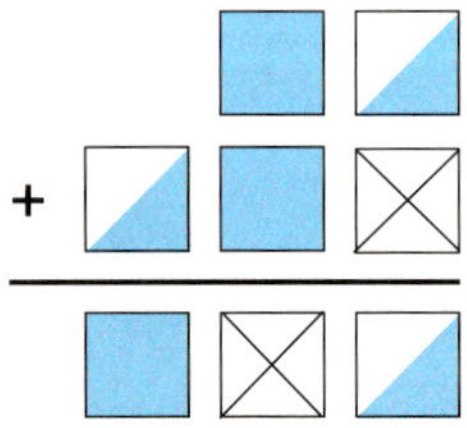

b)

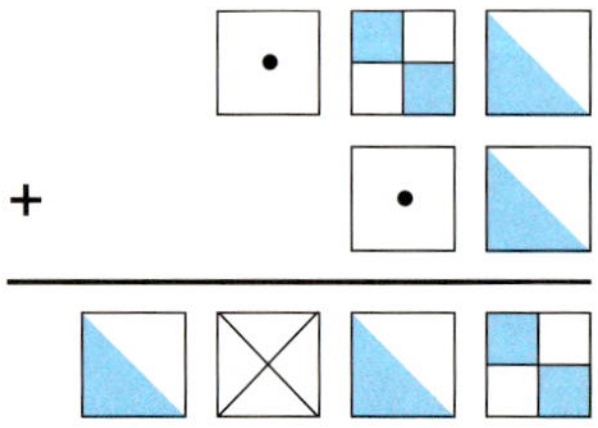

c)

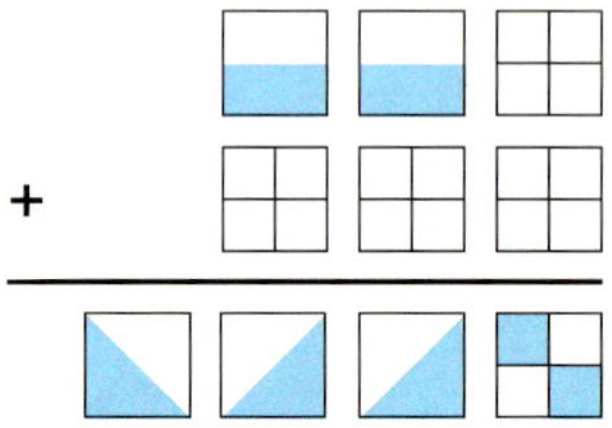

Weiterführende Aufgaben zu „Gleiches Zeichen, gleiche Ziffer" gibt es auf Seite 132.

1 Rechnen mit drei Zahlen.

a)

283	639	428
308	235	89
+ 321	+ 57	+ 326

843 887 912 931

b)

747	683	326
26	112	182
+ 167	+ 97	+ 413

892 921 931 940

c) und sogar mit vier Zahlen.

376 + 104 + 284 + 216
128 + 234 + 105 + 316

141 + 81 + 327 + 423
179 + 59 + 413 + 172

195 + 316 + 204 + 183
49 + 206 + 150 + 286

691 783 823 898 962 972 980

2 Hier verstecken sich 27 Aufgaben. Wie viele findest du?

(147 | 228 | 196) + (317 | 158 | 212) + (153 | 306 | 174)

458 479 507 512 513 528 533 539 560 561 582 593 611 614
617 638 660 665 666 687 692 698 714 719 746 770 819 851

1	4	7
3	1	7
+ 1	5	3
1	1	
6	1	7

1	4	7
3	1	7
+ 3	0	6

3 Rechne diese Aufgaben von oben nach unten.
Rechne zur Kontrolle wie bisher.

436	346	227
+ 264	+ 454	+ 373

4 Rechne diese Aufgaben von oben nach unten, dann rechne zur Kontrolle wie bisher.

a)

507	487	167
+ 393	+ 513	+ 333

b)

382	607	783
+ 409	+ 314	+ 96

5 Erkennst du die Regel? Schreibe zwei weitere Aufgaben auf.

a)
  2 3 4
+ 4 3 2

b)
  1 2 3
+ 3 2 1

c)
    1 2
+ 2 1 0

6

a)
  2 ■ 5
+ 4 1 ■
  ■ 8 7

b)
  5 3 ■
+ ■ ■ 6
  9 5 9

c)
  ■ ■ ■
+ 4 6 5
  8 8 8

d)
  6 5 ■
+ 2 ■ 4
  ■ 7 1

1

a) 364 + 423 273 + 634 263 + 534 338 + 443

759 787 797 877 885

b) 635 + 248 347 + 419 465 + 253 538 + 281

718 766 777 819 883

c) 466 + 256 384 + 479 547 + 197 239 + 492

722 731 744 863 877

2

Besondere Ergebnisse

a) 436 + 264 346 + 454

b) 227 + 373 507 + 393

c) 487 + 513 167 + 333

3

Schreibe richtig untereinander.

a) 147 + 156
143 + 189
128 + 236

b) 148 + 69
352 + 48
287 + 95

c) 72 + 348
56 + 265
94 + 164

Drei Ergebnisse zusammen 999.

4

Riesenaufgaben. Du erhältst besondere Ergebnisse.

a) 2765843963 + 2789711592

b) 731047653 + 133154815

c) 105379648273 + 5731462838

d) 58407141056072657 + 40358291067384132

e) 1699058252369 36 + 2745386192075 08

5

Quersumme immer 18

306 | 423 | 369 | + | 558 | 459 | 549

6

	□	
□		□
165	333	167

7

	□	
□		□
179	285	148

8 Wie viel Geld fehlt noch bis 1000 €?

509 € + 482 €
96 € + 896 €
462 € + 537 €
325 € + 660 €

1 € 8 € 9 € 15 € 30 €

9

a) Mutter kauft für Ina Skates zu 119 € und Zubehör zu 115 €.

b) Vater kauft für Noah Turnschuhe für 78 € und einen Trainingsanzug für 129 €.

10

a) Zähle 179 und 228 zusammen. Zum Ergebnis zähle noch 259 dazu. Das Ergebnis ist eine besondere Zahl.

b) Zähle 247 und das Doppelte von 376 zusammen. Das Ergebnis ist eine besondere Zahl.

11

a) 3 □ 5 + 2 1 □ = □ 6 9

b) 4 2 □ + □ □ 2 = 7 7 8

c) □ □ □ + 5 4 6 = 8 7 9

d) 4 3 □ + 2 □ 8 = □ 9 3

e) 3 6 □ + 2 □ 5 = □ 3 9

f) □ □ □ + 1 1 7 = 3 5 1

1 Welche Aufgaben rechnest du im Kopf? Welche schriftlich?

2 

a) 299 + 627
199 + 403
399 + 157

b) 699 + 137
499 + 258
599 + 217

c) 178 + 299
133 + 399
431 + 499

d) 398 + 283
298 + 645
298 + 299

3 

a) 409 + 331
407 + 553
405 + 265

b) 309 + 671
709 + 121
506 + 144

c) 788 + 202
355 + 105
637 + 203

d) 432 + 308
291 + 609
536 + 304

4 Im Kopf oder schriftlich? Wie geht es schneller? Entscheide bei jeder Aufgabe neu.
Alle Ergebnisse haben die Quersumme 12.

a) 250 + 320
410 + 304
312 + 312
99 + 246
352 + 200
524 + 289

b) 80 + 580
61 + 221
200 + 415
178 + 455
401 + 133
480 + 450

c) 300 + 140 + 400
107 + 403 + 204
150 + 202 + 200
246 + 417 + 258
302 + 302 + 299
350 + 200 + 101

5 Bei jedem Ergebnis ist die Quersumme 9 oder 18.

a) 400 | 580 | 688 + 140 | 203 | 275

b) 200 | 209 | 290 + 520 | 646 | 700

1

2 Rechnet in Kleingruppen. Ein Kind wählt die Aufgabe und rechnet wie Jonas. Die anderen Kinder schreiben einen Überschlag auf. Vergleicht die Überschläge.

a) 123 + 288 b) 449 + 207 c) 721 + 179 d) 438 + 407 e) 264 + 509

3

4 Dasselbe Schlüsselbrett, zwei andere Schatztruhen. Welche Schlüssel passen?

1

2 Wie viel Euro kostet es zusammen?

a)

b)

c)

3 a)

b)

4 a) Was würdest du für den Gutschein gerne einkaufen?
b) Was könntest du einkaufen, um möglichst genau 10 Euro auszugeben?

Gutschein
über **10** Euro

5 Was haben die Kinder eingekauft?
a) Peter hat zwei Dinge, die zusammen 2,68 € kosten.
b) Mareike hat zwei Dinge, die zusammen 13,35 € kosten.
c) Benjamin hat drei Dinge, die zusammen 3,87 € kosten.

6 Die drei Ergebnisse ergeben zusammen 20 €.

a) 2,55 € + 6,80 €
3,98 € + 4,29 €
1,59 € + 0,79 €

b) 3,48 € + 2,78 € + 0,57 €
3,29 € + 3,99 € + 0,39 €
2,23 € + 2,23 € + 1,04 €

7 Alle vier Ergebnisse ergeben zusammen 20 €.

a) 3 € | 4,75 € + 0,96 € | 1,29 €

b) 0,49 € | 5,39 € + 1,60 € | 2,52 €

8 Kartei

*Ines kauft für sich und ihre Schwester zwei Zeichenblöcke und zwei Farbkästen.
Reichen ihr 10 €?
Wie viel kostet es genau?*

9

Julian möchte einen Schülerkalender und eine Heftbox haben. In seiner Geldbörse sind vier 2-Euro-Münzen. Sonst leider nichts.

1 Stecke dieselben Ziffernkärtchen anders auf die Pfeile und rechne.

2 a) Stecke diese Ziffernkärtchen auf zwei Pfeile und ziele.
b) Wähle selbst sechs verschiedene Ziffernkärtchen und ziele wie in Aufgabe a).

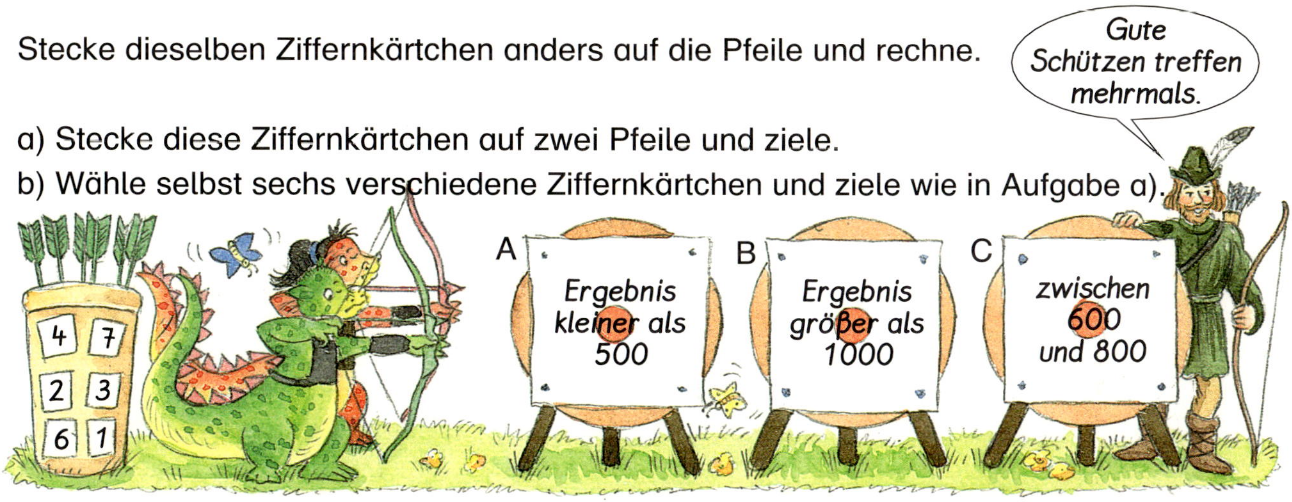

3 a) Schau dir das Zauberquadrat von Albrecht Dürer genau an.
Was stellst du fest?
b) Überprüfe das Quadrat von Dürer mit der Zauberregel.
Was stellst du noch fest?

Albrecht Dürer: Melencolia I, 1514 (Ausschnitt)

Zauberregel
In jeder Reihe, in jeder Spalte und in jeder Diagonale ist die Summe immer gleich.

16	3	2	13
5	10	11	8
9	6	7	12
4	15	14	1

4 Bilde für deinen Partner ein Zauberquadrat.
Denke an die Zauberregel.

5 a) Ergänze im Heft das Zauberquadrat nach der Zauberregel.
b) Zahlix hat einige Flächen eingefärbt.
Zähle die vier Zahlen in den Flächen zusammen.
Was stellst du fest?

170	60		200
120	150		90
160			130
			80

c) Hier siehst du ein anderes Muster. Zähle nochmals zusammen. Was stellst du fest?

170	60		200
120	150		90
160			130
			80

Weiterführende Aufgaben zu „Zauberquadraten“ gibt es auf Seite 132.

Das Wetter am Donnerstag.

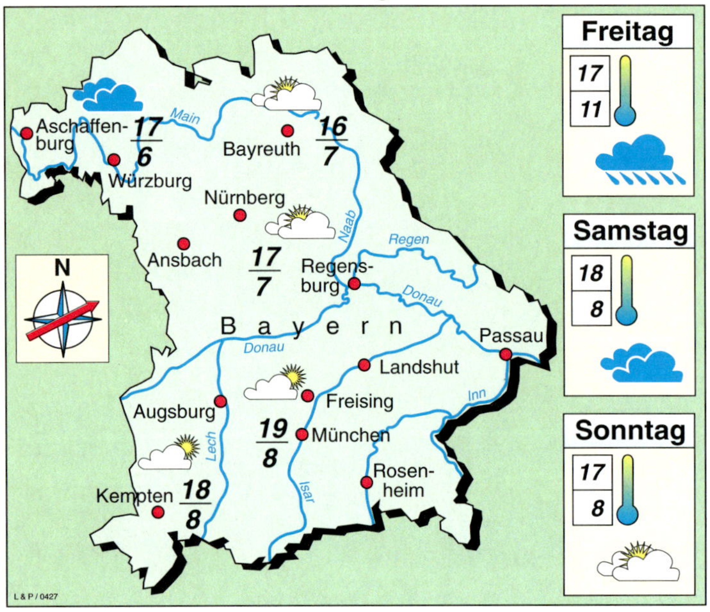

Das bedeuten die Zeichen:

18	Höchste Temperatur am Tag
10	Tiefste Temperatur in der Nacht

Die weiteren Aussichten:

1 a) Was kannst du alles aus der Wetterkarte ablesen? Erzähle.

b) Wo ist es am Tage am wärmsten, wo am kältesten? Und in der Nacht?

2 Wie ist das Wetter in der Gegend von

a) Aschaffenburg, b) Bayreuth, c) Nürnberg, d) Freising, e) Kempten?

3 Wo wohnt ihr? Wie war das Wetter wohl bei euch?

4 Die Kinder haben jeden Tag mittags die Temperatur gemessen und für eine Woche ein Säulendiagramm gezeichnet. Lies die Temperaturen ab und trage sie in eine Tabelle (wie bei Aufgabe 5) ein.

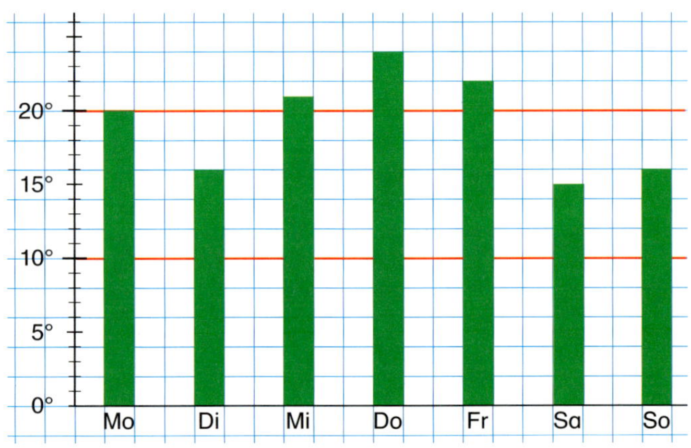

5 Zeichne ein Säulendiagramm.
(Wähle für 1 Grad ein Kästchen.)

Wochentag	Mo	Di	Mi	Do	Fr	Sa	So
Temperatur	22°	19°	18°	21°	22°	25°	27°

6 Messt selbst eine Woche lang jeden Mittag die Temperatur.
Zeichnet ein Säulendiagramm.

7 Im April haben die Kinder selbst eine Wetterkarte angelegt. Erzähle.

APRIL

MO	DI	MI	DO	FR	SA	SO
				1. 7°C	2. 10°C	3. 9°C
4. 8°C	5. 4°C	6. 6°C	7. 6°C	8. 7°C	9. 5°C	10. 0°C
11. 0°C	12. 1°C	13. 3°C	14. 8°C	15. 13°C	16. 17°C	17. 15°C

8 Legt selbst eine Wetterkarte für einen Monat an.

Sachrechnen

1 Die Kinder würfeln mit zwei Würfeln. Sie zählen die Augenzahlen von beiden Würfeln zusammen und schreiben auf, wie oft das Ergebnis vorkommt.

2	3	4	5	6	7	8	9	10	11	12
	II	II	III	IIII	III	IIII	II	I	II	

Artur hat angefangen, zu seiner Strichliste ein Säulendiagramm zu zeichnen. Zeichne das Säulendiagramm in dein Heft und vervollständige es.

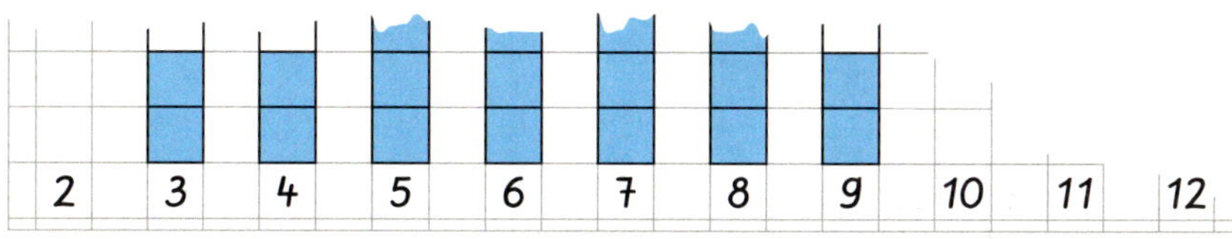

2 Würfelt in der Klasse mit zwei Würfeln und zählt die beiden Augenzahlen zusammen.

a) Welche Ergebnisse sind möglich?

b) Welches ist das kleinste Ergebnis? Welches das größte?

3 Würfelt dreißigmal und tragt die Ergebnisse in eine Strichliste ein.
Welches Ergebnis ist am häufigsten?
Zeichnet zu der Strichliste auch ein Säulendiagramm.

4 a) Schreibe zu jedem möglichen Ergebnis auf, mit welchen Augenzahlen es gewürfelt werden kann.

5	6	7	8	9
1 + 4	1 + 5	1 + 6	1 + 7	1 + 8

b) Zeichne auch ein Säulendiagramm zu der Anzahl aller Zerlegungen, die vorkommen können.

5 a) Warum vermutet Sofia, dass jetzt sicher die 7 kommt?

b) Was meint Artur, wenn er sagt: „Möglich wäre es schon“?

c) Was meint Lena, wenn sie sagt: „Sicher ist es nicht, aber wahrscheinlich“?

6 Welche Aufgabenkarte würdest du auswählen? Begründe.

Würfele zweimal hintereinander die Augensumme 12.

Würfele mit zwei Würfeln eine 2 und eine 5.

Würfele zweimal hintereinander die Augensumme 7.

Würfele mit zwei Würfeln eine 8 und eine 12.

Kreatives Problemlösen

Flächen und Körper

1 a) Falte ein Stück Papier einmal. Du erhältst eine gerade Linie.

b) Zeichne ohne Hilfsmittel nur mit dem Bleistift gerade Linien ins Heft oder mit Kreide an die Tafel. Dein Nachbar überprüft mit der Faltlinie.

c) Falte das Papier ein zweites Mal. Du erhältst einen rechten Winkel.

d) Prüfe mit dem Faltwinkel, wo es überall rechte Winkel gibt.

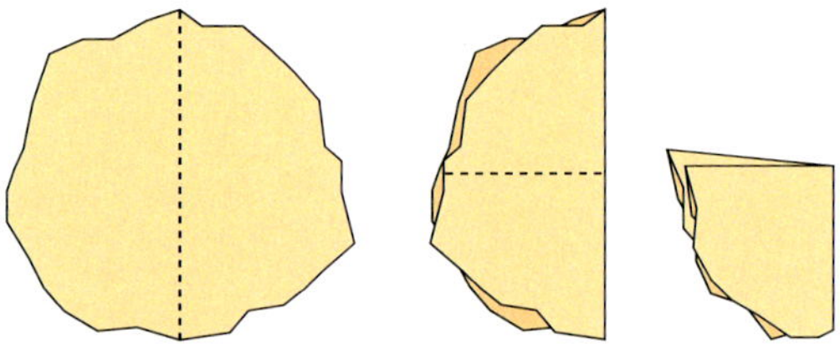

2 Auch am Geodreieck gibt es rechte Winkel. Siehst du noch weitere?

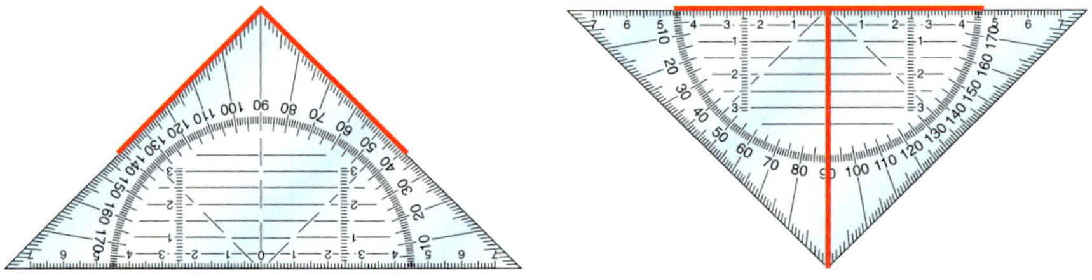

3 Falte ein Blatt Papier zweimal. Falte es wieder auf und zeichne die Faltlinien nach, die eine rot, die andere blau. Sie stehen senkrecht aufeinander. Wie viele rechte Winkel gibt es zwischen den Linien?

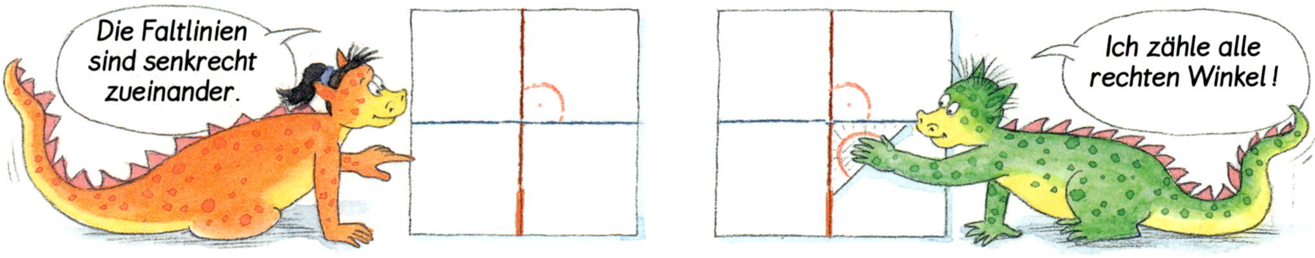

4 Stelle die Muster durch Falten her. Welche Faltlinien stehen senkrecht aufeinander?

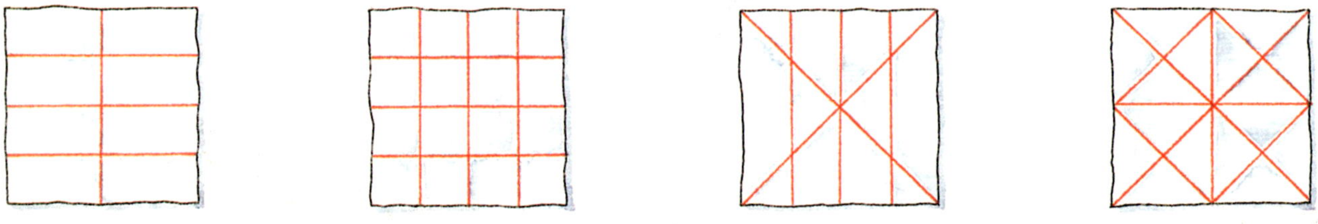

5 6 Bei den Lösungszahlen bleibt immer eine Zahl übrig

1 Die Kinder sortieren die Gegenstände.
Was gehört auf den Kegel-Tisch, was auf den Pyramiden-Tisch, was auf ... ?

2 Untersuche die Körper und trage die Ergebnisse in eine solche Tabelle ein.

		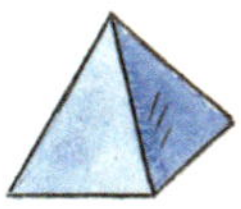		Dreiecksprisma 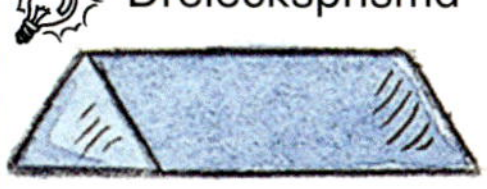
Ecken	■	■	■	■
Kanten	■	■	■	■
Flächen	■	■	■	■

3 Welcher Körper ist das wohl?

a) Meine Kanten sind alle gleich lang.

b) Ich kann rollen und stehen.

c) Ich habe 5 Ecken und 8 Kanten.

d) Alle meine Flächen sind Rechtecke.

e) Wenn du mich in der Mitte durchschneidest, siehst du eine Kreisfläche.

f) Ich habe 8 Ecken und 12 Kanten.

g) Ich habe nur eine Ecke.

4 Zahlix und Zahline haben diese Flächenformen gezeichnet. Zeichne sie nach.

a)  b)  c) 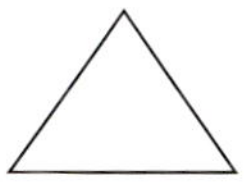 d) 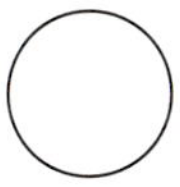

Welche Körper könnten sie dazu verwendet haben?

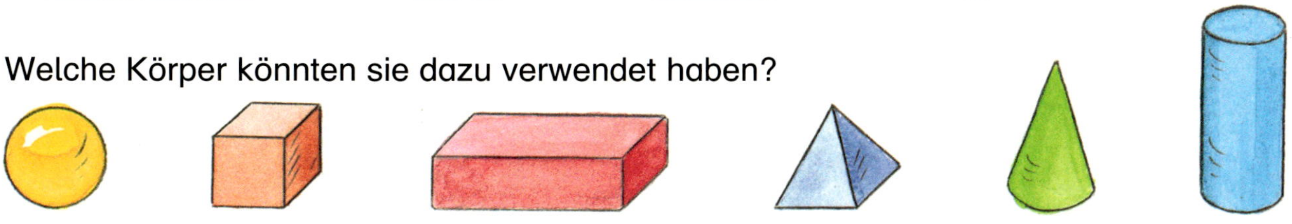

1 Baut einen Würfel. Die Kanten sollen 15 cm lang sein.
So erhaltet ihr die Ecken.

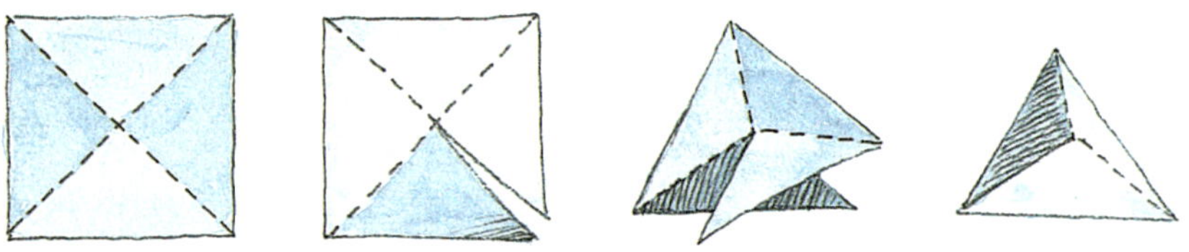

Falten | Einschneiden | Einklappen | Kleben

2 Die Würfel sind noch nicht fertig. Wie viele Kanten fehlen noch? Wie viele Ecken?

a) 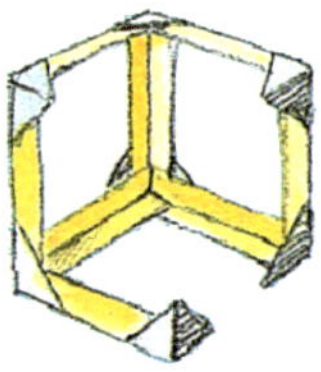
b) 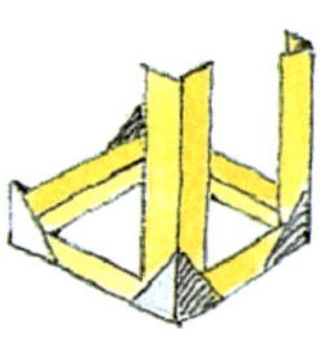
c) 
d) 
e) 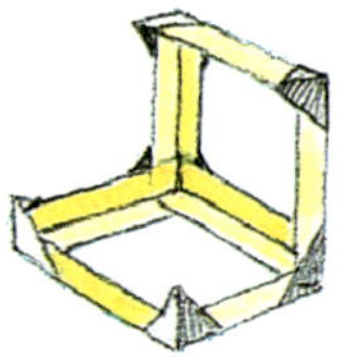

3 Die Kinder haben Würfelmodelle gebaut. Welche sind falsch? Begründe.

a) 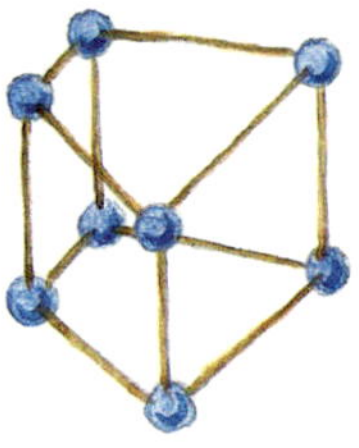
b) 
c) 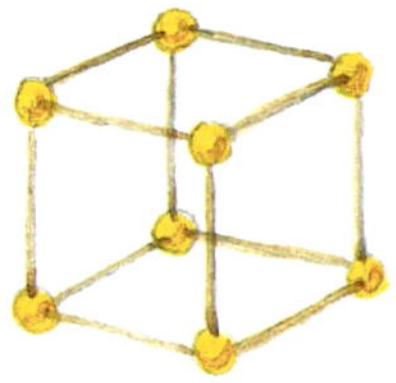
d) 

4 Der kürzeste Weg zum Blatt? Schreibe alle Möglichkeiten auf.

a) 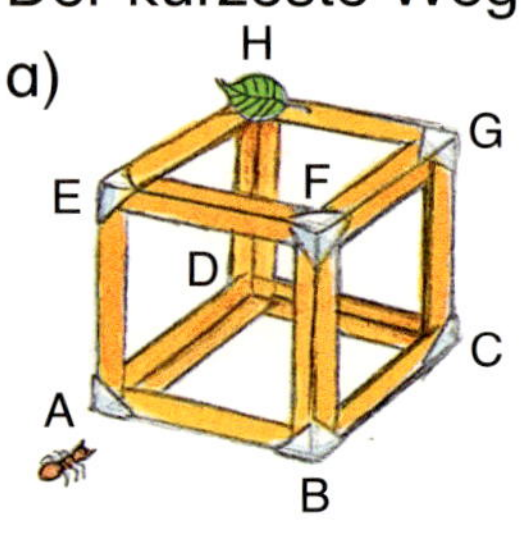

b) 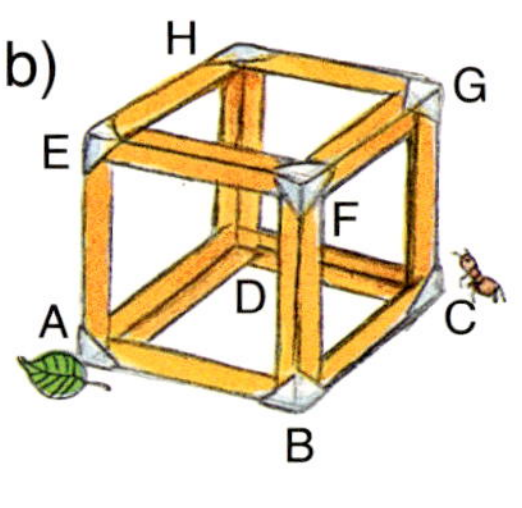

c) 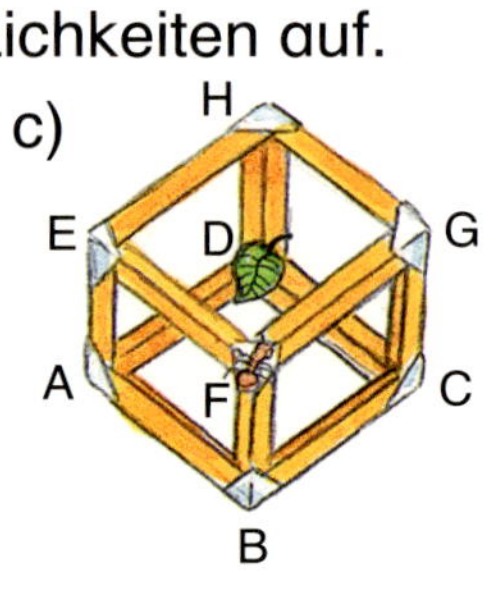

d) 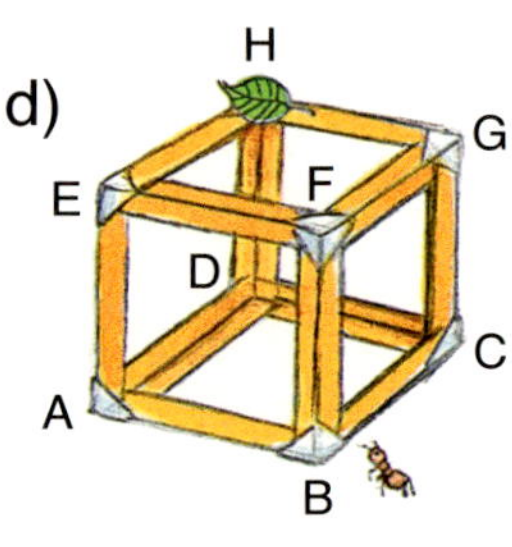

1  Umfahre die Grundfläche eines Würfels. Kippe den Würfel. Trage die Augenzahl der Grundfläche in das Quadrat ein. Dann umfahre die Fläche, die jetzt unten liegt. Kippe … Fahre fort, bis du alle sechs Flächen gezeichnet hast. Das ist ein Würfelnetz.

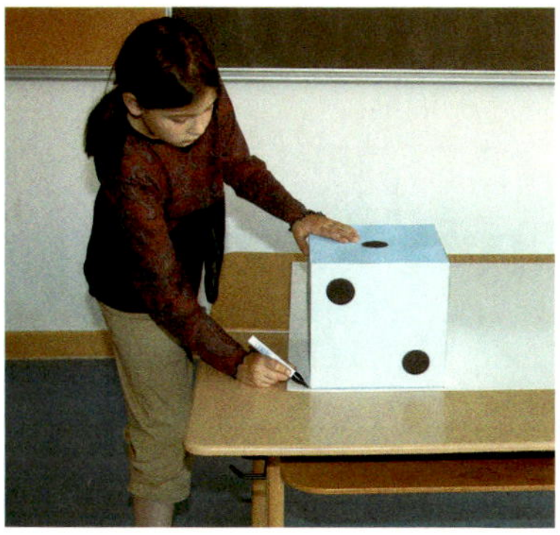

2 a) Zeichne diese Netze ins Heft.

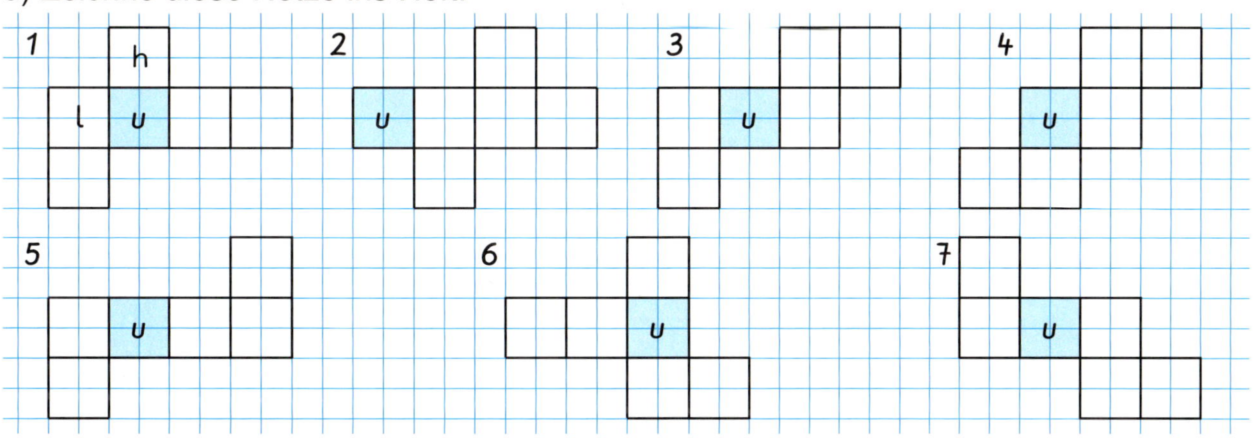

b) Falte in Gedanken die Netze zu einem Würfel. Die blaue Fläche liegt unten (u). Welche Flächen sind oben (o), vorne (v), hinten (h), rechts (r), links (l)? Trage ein.

c) Färbe Flächen, die gegenüber liegen, in derselben Farbe.

d) Findest du noch weitere Würfelnetze? Es gibt elf unterschiedliche Netze.

3 Zeichne die Würfelnetze ins Heft. Eine Kante im Netz ist grün markiert. Mit welcher anderen Kante stößt diese zusammen? Färbe sie auch grün.

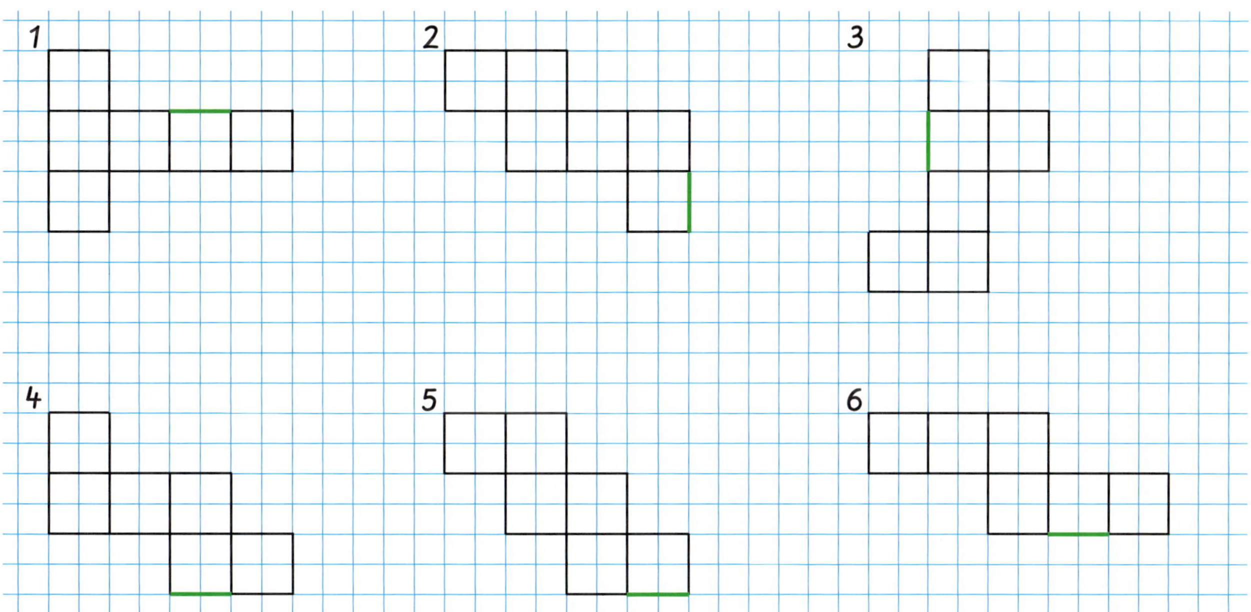

1 Dies sind keine Würfelnetze. Falte in Gedanken.
Welche Fläche ist doppelt, welche Fläche fehlt?

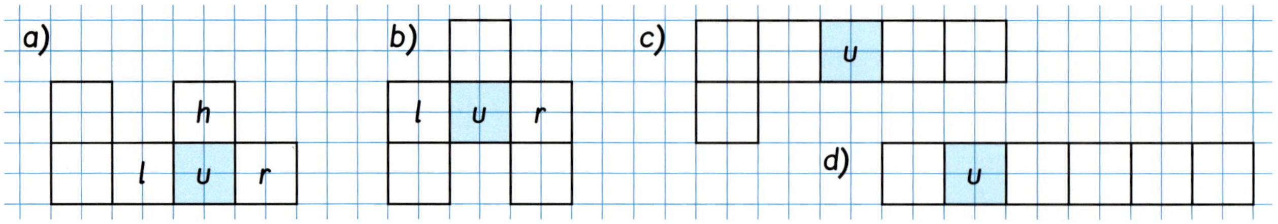

2 Bunte Würfel. Falte in Gedanken. Welcher Würfel gehört zu welchem Netz?
Welche Farbe ist unten?

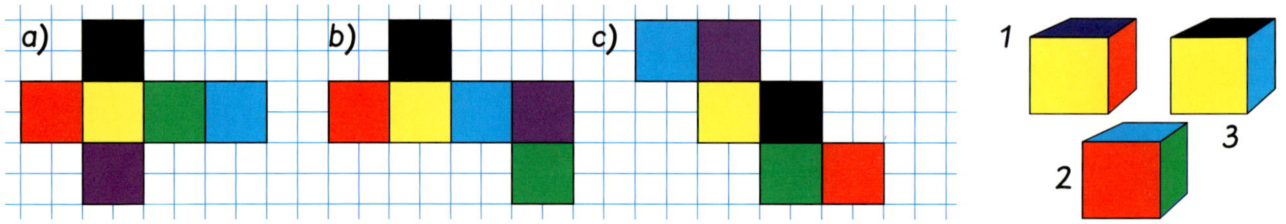

3 Ein Würfel wurde halb in Farbe getaucht. Zeichne die Würfelnetze ab und male halb gefärbte Flächen aus.

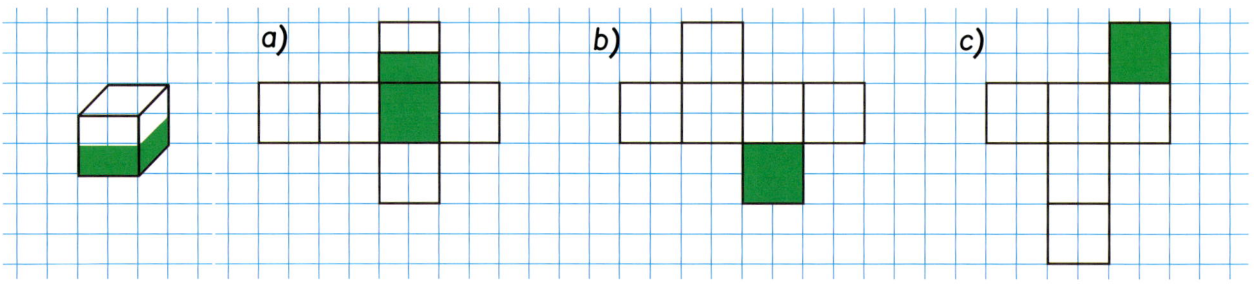

4 Ein Würfel trägt auf seinen sechs Flächen folgende Zeichen:

Hier siehst du drei verschiedene Ansichten dieses Würfels:

Welches Zeichen befindet sich auf der gegenüberliegenden Seite von
a)  b)  c)  ?
Ein Würfelnetz kann dir bei der Lösung helfen.

5 Welche Flächenform hat die Schnittfläche?

a) 
b) 
c) 
d) 
e) 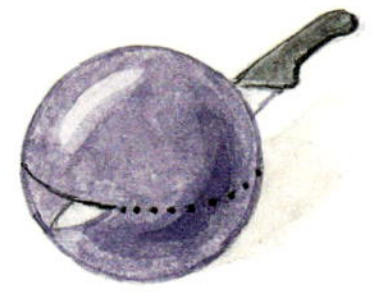
f) 

1 In jeder Zeile, in jeder Spalte und auf den beiden Diagonalen, aber auch in jedem **Sechser**feld darf eine Zahl nur ein einziges Mal vorkommen.

a)

3	5			4	6
4		3	6		5
	6	5		3	1
6	4	1	2		
1		4			2
	2	6		1	4

b)

6		1	2		
	2	6		1	
1		4		6	2
3	5			4	
	6	5		3	
4		3	6		5

c)

4		3		2	5
	6	5	4		
3	5		1		6
1			5		
	2	6		1	4
6		1	2		3

2 a)

	4	1		5	
5	2		3	1	4
		4			
3		2			6
	6	5		3	
	1		6	2	

b)

			3		5
6	1			4	
		4			2
			5		1
5		6	1	3	
	3				

c)

5	2		3		
		4		6	2
6		1		5	
		5		3	1
	1		6		
3		2		4	

3 Palindrome sind Wörter, die du vorwärts und rückwärts lesen kannst: Immer kommt das gleiche Wort heraus.

Auch bei Zahlen gibt es Palindrome:

343 1473741 5225 13531

Diese Zahlen kannst du von links nach rechts oder von rechts nach links lesen und schreiben. Sie bleiben gleich.

a) Welche Zahlen sind Palindrome, welche nicht?

131 1313 313 3113 3311 3131 13131 31113

b) Schreibe Zahlenpalindrome auf. Findest du auch welche mit ganz vielen Stellen? Welche Zahlen kannst du lesen?

4 Der Fahrradcomputer zeigt ein Palindrom als Kilometerstand. Bei welchem Kilometerstand zeigt er wieder ein Palindrom?

a) 66 b) 99 c) 121 d) 424 e) 595

5 Diese Uhren zeigen als Uhrzeit Palindrome an. Wie spät ist es bei der nächsten „Palindrom-Zeit"? Findest du noch andere „Palindrom-Zeichen"?

a) 02:20 b) 14:41 c) 03:30 d) 11:11 e) 13:31

6 Wie lange dauert es jeweils bis zur nächsten „Palindrom-Zeit"?

1 bis 2 Weiterführende Aufgaben zu „Sudokus" gibt es auf Seite 132.

1 Miss die Länge der Strecken.

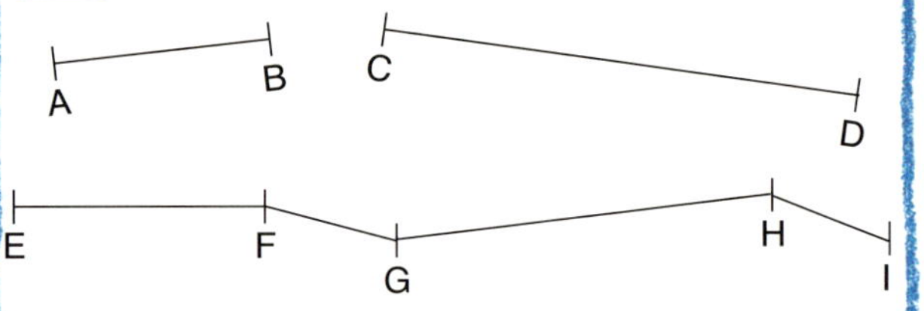

2 Zeichne.
Wie viel Millimeter sind es?

3 cm 4 mm 6 cm 3 mm
8 cm 2 mm 2 cm 5 mm
9 cm 9 mm 12 cm 3 mm

3 Wie viel Zentimeter und Millimeter sind es?

33 mm 54 mm 97 mm
107 mm 49 mm 45 mm
80 mm 112 mm 644 mm

4 Wie viel Zentimeter sind es?

2 m 61 cm 4 m 40 cm
3 m 6 cm 1 m 95 cm
9 m 99 cm 6 m 3 cm

1 Schreibe untereinander, dann rechne.

a) 267 + 635 b) 284 + 409 c) 308 + 267
428 + 376 364 + 328 537 + 259
346 + 295 356 + 499 398 + 247

2 Schreibe auch hier richtig untereinander.

a) 382 + 57 b) 67 + 226 c) 85 + 585
238 + 49 78 + 444 73 + 408
388 + 54 66 + 257 69 + 378

3

Radhaus Rund

Fahrrad	**378,00 €**
Ausrüstung	**154,50 €**

Skatertreff

Skateboard	**149,99 €**
Ausrüstung	**87,90 €**

1 Zeichne ins Heft. Male gegenüberliegende Flächen in gleicher Farbe aus.

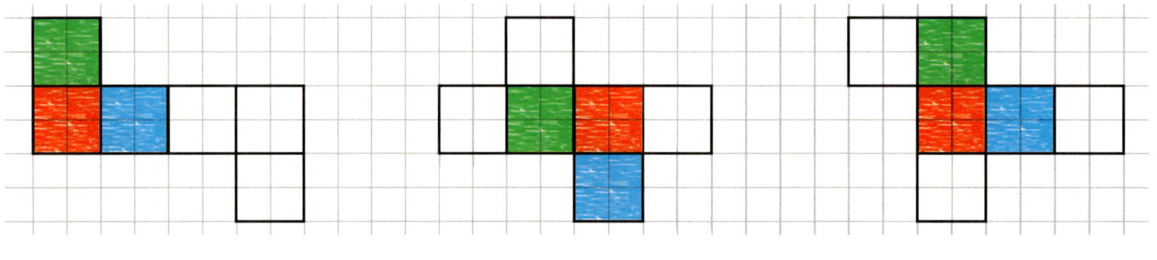

2 Wie viele Ecken und Kanten fehlen hier jeweils?

a) 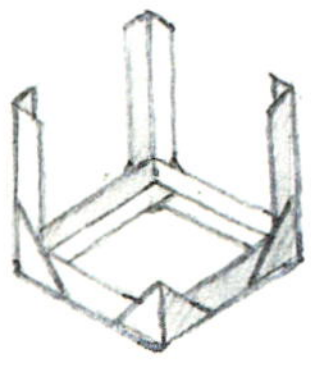
b) 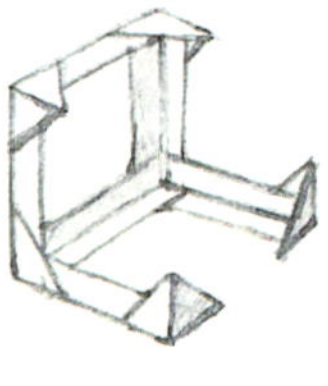
c) 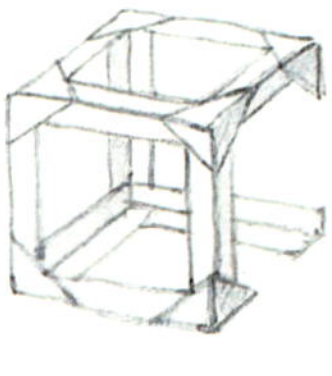
d) 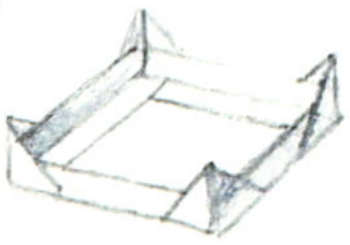

3 Dieser Spielwürfel wird zweimal nach rechts gekippt.

Wie liegt er danach?

a) 
b) 
c) 

1 a)

•	3		
2		10	
	18		48

b)

•	6		
5		20	
3			

c)

•	7	4	
		12	
		24	

2 a)

•	2	7	
	8		
7			

b)

•	4		
		18	26
	16		
			78

c)

•	8	4	
	64		
2			

3 Rechendreiecke mit Malaufgaben.

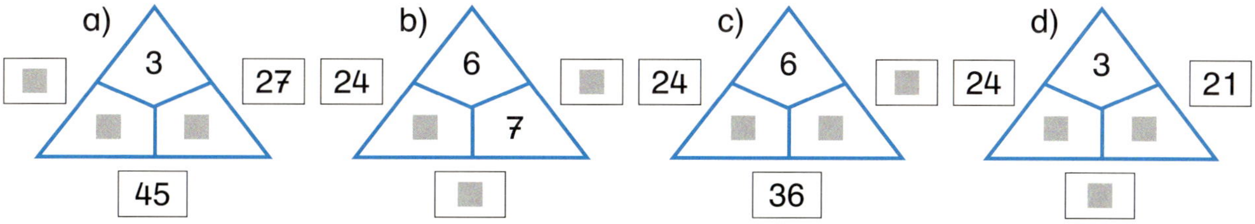

4

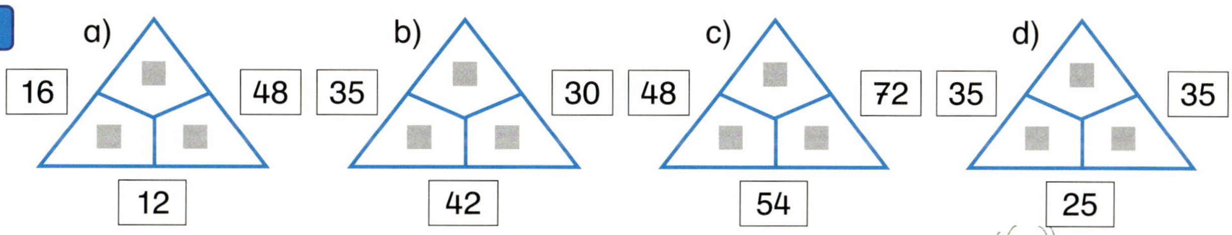

Suche in der Zahlentafel drei aneinanderhängende Felder, mit denen du nach den Regeln die Zahlen auf den Kärtchen berechnen kannst.
Schreibe so: 32 = 6 · 5 + 2

14 21 53 57 43 79 50 58 38 44 46 40 27 61 52 31

3	7	2	1	6	8	4
9	2	5	4	7	1	3
5	8	3	6	5	2	4
2	4	7	3	1	9	5
8	6	2	5	7	3	1
9	3	4	6	8	5	2
1	5	7	9	7	6	4

Regeln:
❑ = ❑ · ❑ + ❑
❑ = ❑ · ❑ − ❑

Die Felder können zum Beispiel so aneinander hängen:

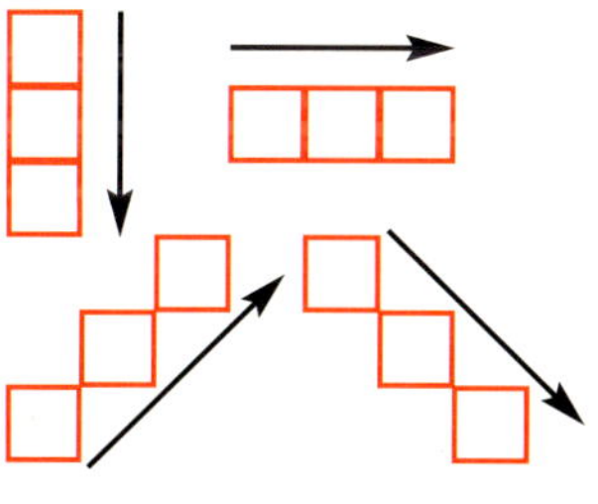

Schriftliches Abziehen

1

670 − 3
670 − 30
670 − 300

895 − 4
895 − 40
895 − 400

370 495 640 667 805 855 891

Wie tief kannst du tauchen?

2

860 − 130
540 − 220
960 − 460

680 − 370
730 − 130
690 − 460

230 310 320 500 600 650 730

3

670 − 380
510 − 360
820 − 490
940 − 570
730 − 140
400 − 270

130 150 290 330
370 460 590

4

673 − 120
481 − 260
888 − 440

361 − 90
473 − 80
924 − 60

823 − 19
654 − 25
983 − 78

221 271 393 448 553 629 804 864 905 916

5

287 − 3
287 − 281
236 − 4
236 − 231

275 − 272
275 − 2
248 − 247
248 − 5

1 3 5 6 10 232 243 273 284

6

Schreibe in Geheimschrift und rechne.

834 − 413
781 − 320

596 − 312
667 − 345

284 322 421 461 515

7

831 − 216
973 − 429

646 − 191
729 − 373

356 455 544 615 653

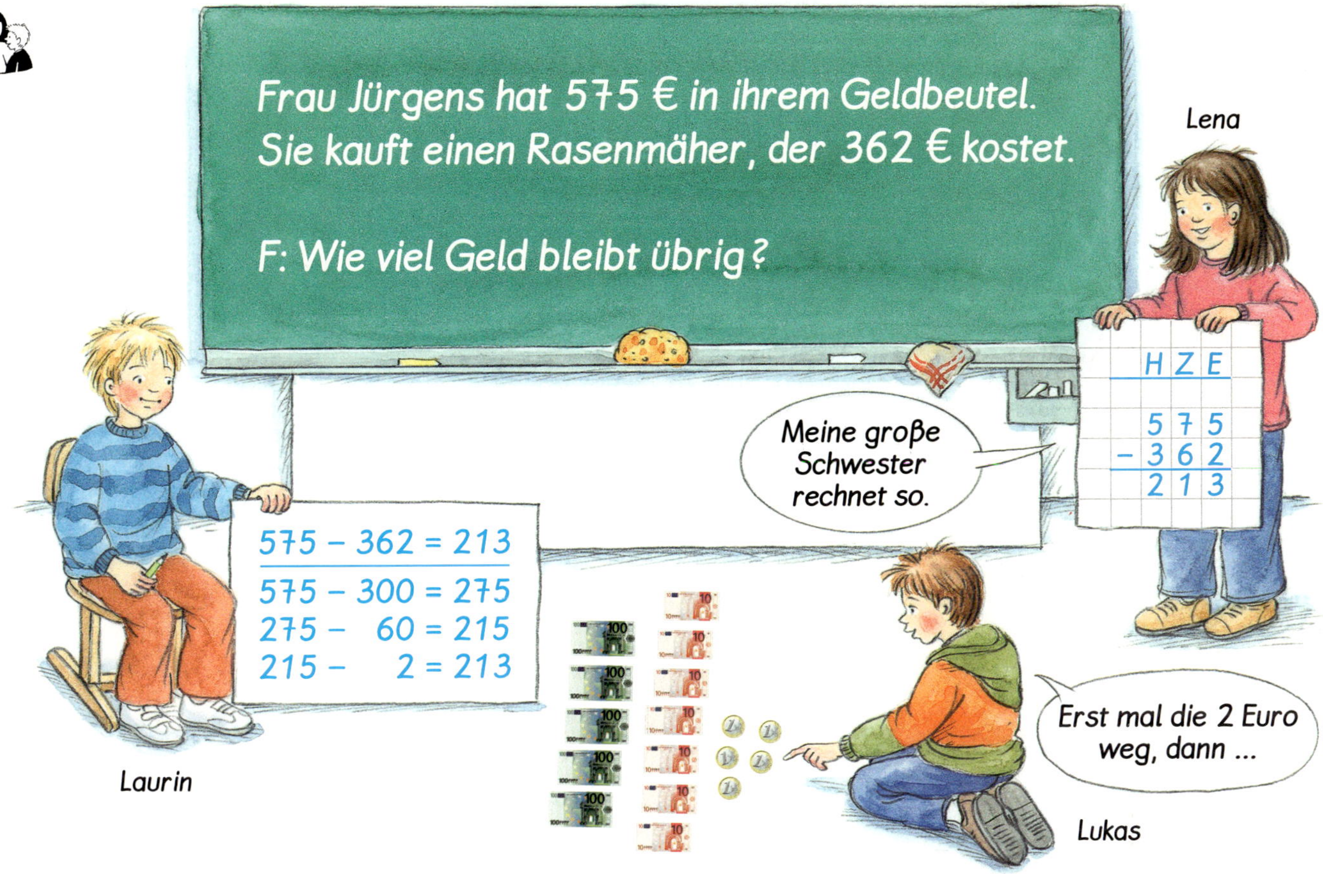

1 Zahlix hat 376 Euro gespart. Er bezahlt 132 Euro für einen MP3-Player.
Wie viel Geld hat er noch?

$6\,E - 2\,E = 4\,E$ | $7\,Z - 3\,Z = 4\,Z$ | $3\,H - 1\,H = 2\,H$

2 Zuerst die Einer, dann die Zehner, dann die Hunderter.

a)

H	Z	E
8	4	7
− 2	1	5

b)

H	Z	E
7	5	6
− 2	3	0

c)

H	Z	E
6	8	8
− 5	7	6

d)

H	Z	E
9	4	7
− 6	2	3

e)

H	Z	E
6	6	6
− 4	4	4

3

a) 675 − 234
b) 403 − 201
c) 837 − 215
d) 497 − 257
e) 783 − 271
f) 589 − 185
g) 637 − 214

240 202 296 404 423 441 512 622

1

2 Lege mit Rechengeld. Löse wie die beiden Kinder.

a) 687 € – 469 €
742 € – 316 €

b) 243 € – 127 €
874 € – 256 €

c) 566 € – 384 €
566 € – 348 €

d) 245 € – 163 €
245 € – 136 €

3 Markus rechnet in der Stellenwerttafel. Erkläre.

Mein Merkheft

Zuerst die Einer, dann die Zehner, dann die Hunderter.

4

	a)	b)	c)	d)	e)
	H Z E	H Z E	H Z E	H Z E	H Z E
	8 9 1	6 7 2	7 2 5	5 7 4	8 3 5
–	4 2 7	2 5 4	1 6 3	3 6 8	2 6 1

5 Schreibe untereinander, dann rechne.

a) 534 – 225
645 – 82

b) 881 – 374
693 – 495

c) 934 – 527
738 – 55

d) 722 – 191
653 – 362

198 291 309 407 497 507 531 563 683

1 Thomas hat 324 Euro gespart. Er kauft für 156 Euro Zubehör für seinen Computer. Wie viel Geld hat er noch?

2

a)

H	Z	E
6	3	2
– 2	7	8

b)

H	Z	E
4	2	6
– 2	3	8

c)

H	Z	E
7	2	4
– 3	4	7

d)

H	Z	E
5	2	1
– 3	7	9

e)

H	Z	E
8	3	5
– 4	6	8

3 Stefan macht es kürzer. Achte auf die Sprech- und Schreibweise.

4

a)	b)	c)	d)	e)	f)	g)
523	641	812	634	742	926	714
– 276	– 396	– 427	– 286	– 478	– 569	– 358

126 245 247 264 348 356 357 385

5 Schreibe untereinander, dann rechne.

a) 712 – 654
346 – 278

b) 528 – 499
648 – 559

c) 917 – 298
354 – 165

d) 177 – 99
448 – 279

29 58 68 78 89 169 189 191 619

1

2

a)	b)	c)	d)	e)	f)
802 − 476	604 − 257	702 − 538	503 − 368	906 − 448	307 − 189

118 135 164 326 347 447 458

3

a)	b)	c)	d)	e)	f)
703 − 126	805 − 277	902 − 638	405 − 149	600 − 438	900 − 573

162 256 264 327 427 528 577

4 Schreibe untereinander, dann rechne.

a)	b)	c)	d)
608 − 452	534 − 205	904 − 597	701 − 186
409 − 236	645 − 82	738 − 255	653 − 317
907 − 469	806 − 273	607 − 152	805 − 218

156 173 307 329 336 438 455 483 515 533 563 577 587

5 Wähle eine beliebige zweistellige Zahl.
Setze zwischen die Zehner- und Einer-Stelle eine 0.
Ziehe die kleinere Zahl von der größeren ab.
Rechne genauso mit anderen zweistelligen Zahlen.

```
  3 0 5
−   3 5
```

6 Rechendreiecke mit plus. Rechne auch die Probeaufgaben.

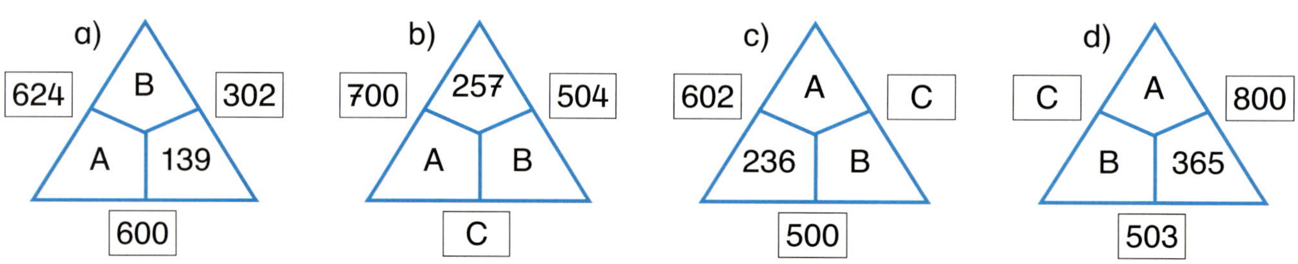

1

Spielregel

Zahlenkarten 0 bis 9 je zweimal

- Drei Karten ziehen
- Die größte Zahl bilden
- Die Spiegelzahl davon abziehen

2 Rechne mit diesen Ziffernkärtchen.

a) 9 7 6 b) 5 5 7 c) 3 0 6 d) Wähle selbst drei Ziffernkärtchen und rechne weitere Aufgaben.

3 Rechne mit deinem Partner mindestens fünf Aufgaben wie in Aufgabe 1. Was fällt euch auf?

4 Sammelt in der Klasse alle verschiedenen Ergebnisse, die ihr erhalten habt. Schreibt sie der Größe nach auf. Was fällt euch auf?

---

5 Minus-Züge

6 Rechne immer mit den Ziffern des Ergebnisses weiter: Größte Zahl minus Spiegelzahl. Wie viele verschiedene Wagen kannst du anhängen?

7 Starte mit diesen Ziffernkärtchen. Wie viele verschiedene Wagen kannst du anhängen?

a) 3 6 8 b) 2 9 5 c) 2 1 5 d) 1 8 9

8 Wähle selbst drei Ziffernkärtchen. Wie viele verschiedene Wagen kannst du anhängen?

5 bis 8 Weiterführende Aufgaben zu „Minus-Zügen“ gibt es auf Seite 133.

1

a) 738 − 506 856 − 326

b) 985 − 360 647 − 202

c) 974 − 572 437 − 117

232 320 402 445 473 530 625

2

a) 839 − 364 706 − 393 453 − 82

b) 746 − 96 643 − 591 875 − 794

c) 609 − 197 839 − 399 653 − 478

52 81 114 175 313 371 412 440 475 650

3

a) 683 − 237 841 − 319

b) 340 − 128 866 − 259

c) 450 − 136 754 − 448

212 306 314 446 522 546 607

4

a) 736 − 298 642 − 398

b) 704 − 186 588 − 389

c) 723 − 219 550 − 146

d) 473 − 179 608 − 309

199 244 294 299 404 438 504 518 532

5

a)

	1000	
□		576
□	298	□

b)

	909	
456		□
□	□	287

6

a) 335 − 98 567 − 79
746 − 88 921 − 94

b) 800 − 234 500 − 379
704 − 298 640 − 173

c) 1000 − 397 907 − 349
1000 − 153 2000 − 147

7

7 □ 5	9 8 □	□ 1 7	6 □ □	7 □ 3
− 2 3 □	− 3 6 4	− 3 □ 3	− □ 8 2	− □ 2 5
□ 6 3	□ □ 3	1 7 □	2 4 7	5 4

5 Weiterführende Aufgaben zu „Zahlenmauern“ gibt es auf Seite 133.

8

a) Tom hat 240 € gespart. Er kauft eine gebrauchte Gitarre für 65 €.

b) Sein Freund Erich hat 350 €. Er kauft ein Keyboard für 297 €.

9

a) Jana hat 221 € gespart. Sie kauft sich eine Blockflöte für 65 €.

b) Später kauft sich Jana noch einen Notenständer für 13 €.

10

Karina hat 170 € gespart. Sie kauft sich eine Klarinette für 119 € und 2 Musik-CDs für je 19 €.

11

a) Katja möchte sich eine Geige für 176 € und ein Stimmgerät für 28 € kaufen. Sie hat 200 € gespart. Hat sie genug Geld?

b) Dirk möchte sich ein Keyboard für 438 € und eine Bank dazu für 48 € kaufen. Er hat schon 500 € gespart.

12

a) Ziehe von 362 die Zahl 247 ab. Von dem Ergebnis ziehe noch die Zahl 82 ab. Das Ergebnis ist eine besondere Zahl.

b) Ziehe von 389 die Zahl 157 ab. Von dem Ergebnis ziehe noch 133 ab. Das Ergebnis ist eine besondere Zahl.

13

a) Ziehe von der Zahl 763 die Zahlen 521 und 178 ab. Ziehe von dem Ergebnis die Zahl 64 ab. Bleibt etwas übrig?

b) Ziehe von der Zahl 989 das Doppelte von 256 ab. Zehner- und Einerziffer des Ergebnisses sind gleich.

14

a)	b)	c)	d)	e)	f)
356 – 142	768 – 472	253 – 137	836 – 467	474 – 388	532 – 458
456 – 141	769 – 372	353 – 136	835 – 567	574 – 387	533 – 358
556 – 140	770 – 272	453 – 135	834 – 667	674 – 386	534 – 258
■ – ■	■ – ■	■ – ■	■ – ■	■ – ■	■ – ■

Im Kopf oder schriftlich?

1 Welche Aufgaben rechnest du im Kopf? Welche schriftlich?

2

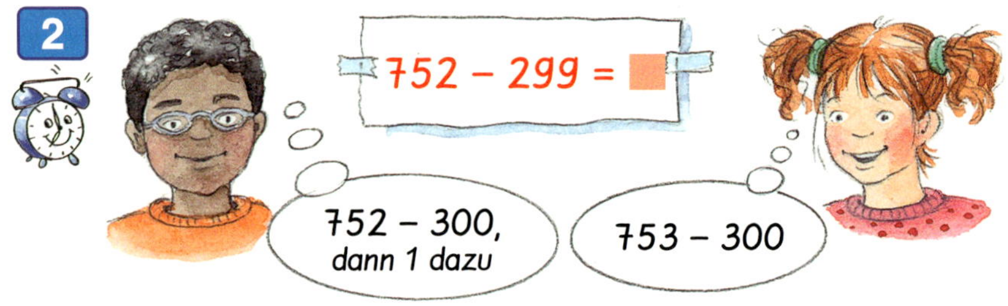

a) 363 – 199
475 – 299
831 – 399

b) 926 – 399
780 – 599
438 – 199

c) 799 – 450
699 – 210
299 – 170

d) 401 – 298
508 – 498
983 – 698

3

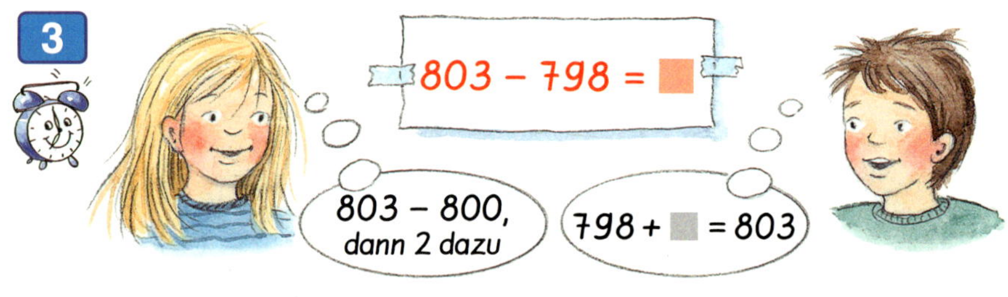

a) 501 – 496
605 – 595
208 – 197

b) 304 – 297
907 – 895
703 – 690

c) 410 – 390
820 – 790
1010 – 980

d) 410 – 391
822 – 790
1010 – 879

4 Im Kopf oder schriftlich? Wie geht es schneller? Entscheide bei jeder Aufgabe neu.
Alle Ergebnisse haben die Quersumme 15.

a) 1000 – 40
940 – 70
690 – 27
753 – 36
142 – 64
640 – 58

b) 630 – 102
930 – 150
700 – 145
783 – 300
698 – 350
611 – 416

c) 1000 – 130
1000 – 742
755 – 101
502 – 307
874 – 499
954 – 687

5 Bei jedem Ergebnis ist die Quersumme 9 oder 18.

a) 300 | 417 | 660 – 39 | 138 | 210

b) 700 | 880 | 997 – 79 | 340 | 601

Überschlag

1

2 Arbeitet in Kleingruppen. Ein Kind wählt die Aufgabe und rechnet schriftlich. Die anderen Kinder schreiben einen Überschlag auf. Vergleicht die Überschläge.

a) 386 – 149 b) 547 – 189 c) 684 – 112 d) 607 – 445 e) 721 – 387

3

4 Dasselbe Schlüsselbrett, zwei andere Schatztruhen. Welche Schlüssel passen?

Rechnen mit Geld

1 Wie viel Geld hat Steffen gespart?

2 Wie viel kostet jedes Angebot ungefähr?

3 Steffen möchte seiner Schwester Tanja einen Teddybär zum Geburtstag schenken.
Steffen überlegt: „Dann habe ich noch ungefähr 15 €."

	21,82 €
−	6,89 €

4 Was können die Kinder für ihr Geld kaufen?
Wie viel Geld bekommen sie jeweils zurück?

a) 

b) 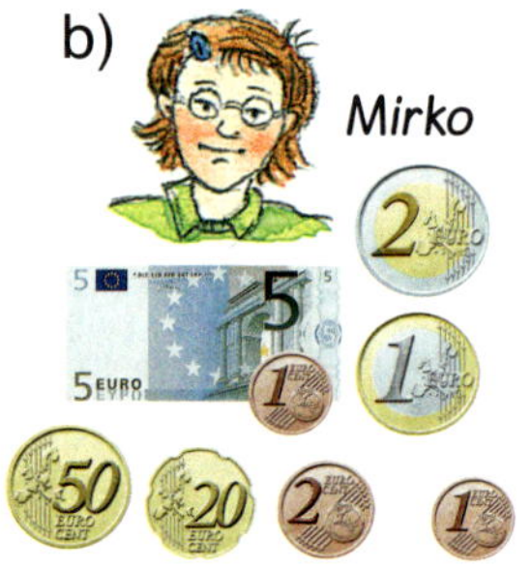

c) 

d) 

5 Anika hat im Spielzeugladen eingekauft.
Erfinde zu jeder Aufgabe eine Rechengeschichte.

Kartei

a)

	27,90 €
+	5,35 €

b)

	1 9 9
	~~20,00~~ 0 €
−	14,35 €

c)

	32,34 €
−	27,90 €

d)

	14,35 €
	6,89 €
+	5,35 €

6 Zähle die fünf Ergebnisse aus jedem Päckchen zusammen. Die Quersumme ist immer 19.

a) 20 € − 16,85 €
8 € − 4,37 €
18 € − 9,78 €
9 € + 8,84 €
16 € − 11,03 €

b) 9,85 € − 5,93 €
4,32 € − 2,46 €
5,51 € + 4,78 €
13,84 € + 9,89 €
11,25 € − 7,48 €

c) 217,84 € − 38,94 €
92,02 € − 74,38 €
135,66 € + 23,85 €
124,53 € − 5,64 €
27,81 € + 9,99 €

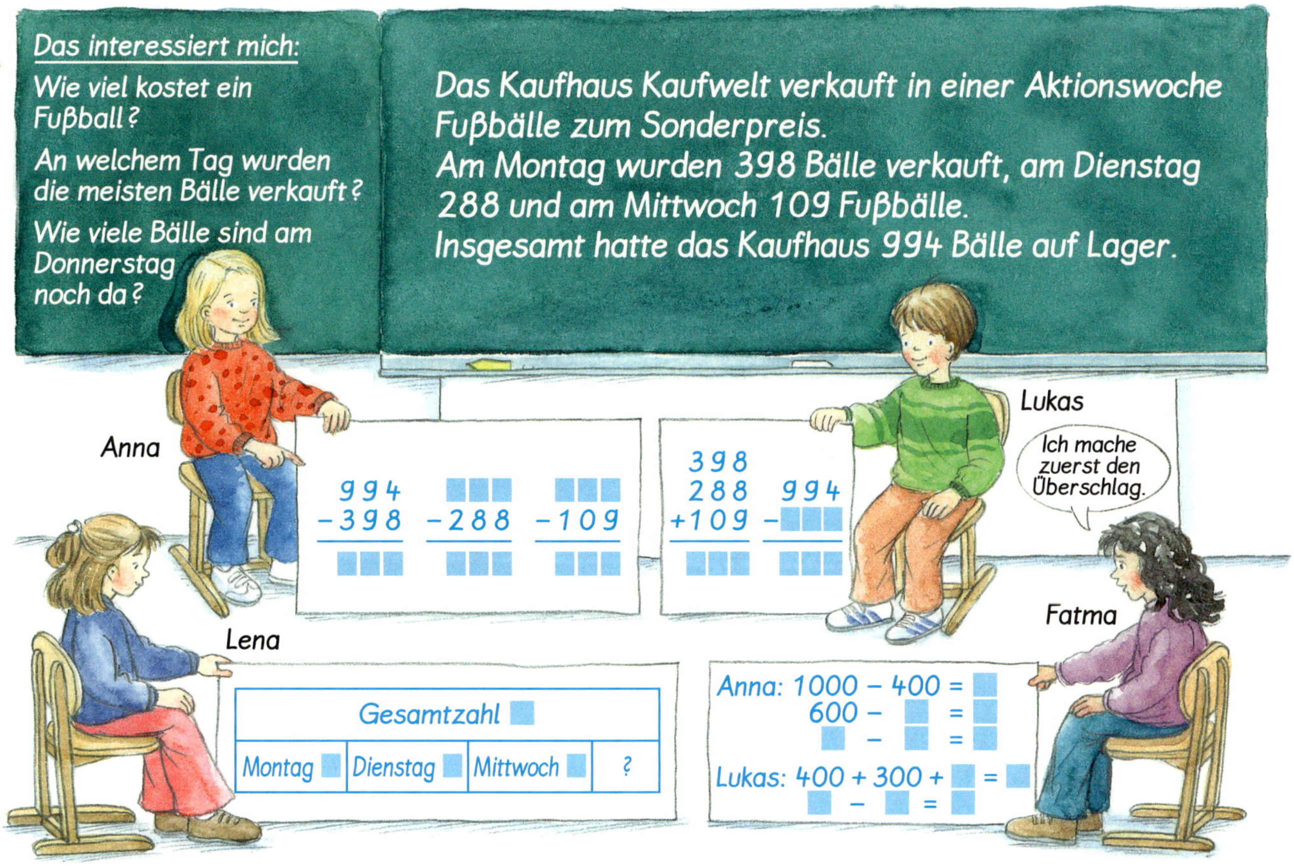

1 a) Welche Frage kannst du beantworten ohne zu rechnen?
b) Welche Frage kannst du nicht beantworten?
c) Bei welcher Frage musst du erst rechnen?

2 Zeichne Lenas Streifenmodell in dein Heft und ergänze die Zahlen.

3 Rechne die Lösungswege von Anna und Lukas nach.
Mache wie Fatma jeweils zuerst den Überschlag.

4 Welcher Lösungsweg ist geschickter? Warum?

5 Was wäre, wenn …

a) … 100 Bälle weniger vorrätig gewesen wären?

b) … an jedem Tag 10 Bälle mehr verkauft worden wären?

c) … an jedem Tag 5 Bälle weniger verkauft worden wären?

d) … am Montag 20 Bälle mehr, am Dienstag und Mittwoch aber jeweils 10 Bälle weniger verkauft worden wären?

Rechenfrage
Wichtige Angaben
Lösung
- Streifenmodell
- Überschlag
- Rechnung

Ergebnis überprüfen
Antwort

6 In der Aktionswoche sollen auch 350 Basketbälle verkauft werden. Am Montag werden 89 Bälle, am Dienstag 108 und am Mittwoch 94 Bälle verkauft.

7 Das Kaufhaus hat 450 Hüpfseile im Sonderangebot. Am Montag werden 104, am Dienstag 98 und am Mittwoch halb so viele wie am Montag und Dienstag zusammen verkauft.

Kartei

8 Denke dir selbst solche Aufgaben aus.

Gewicht

1 Was ist schwerer? Nimm in die Hand und vergleiche.
Stuhl und Papierkorb, Becher und Tasse, Ranzen und ...

2 Vergleicht eure Ranzen.
a) Welcher Ranzen ist schwerer? b) Welcher Ranzen ist am schwersten?

3 Ordne die Gegenstände nach ihrem Gewicht. Schätze zuerst, dann prüfe nach.

a) 

b) 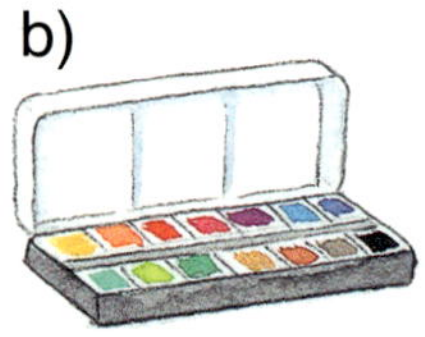

c) 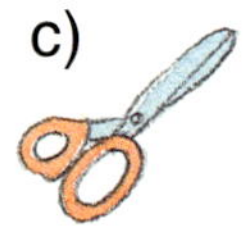

d) 

4 Kann das stimmen? a) Ein Elefant ist schwerer als ein PKW.
b) Eine Scheibe Toast ist schwerer als ein Brötchen.
c) Eine Amsel ist schwerer als eine Taube.

5 Vergleiche. Ordne vom Leichten zum Schweren.

6 Erkläre die Pfeilbilder! Welches Kind ist am schwersten, welches ist am leichtesten?

a) 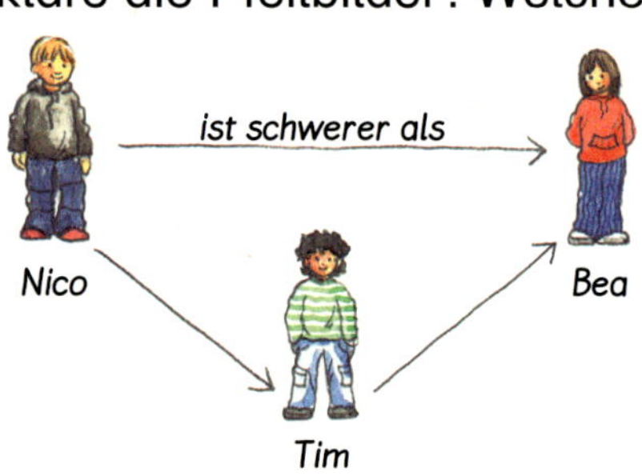

b) 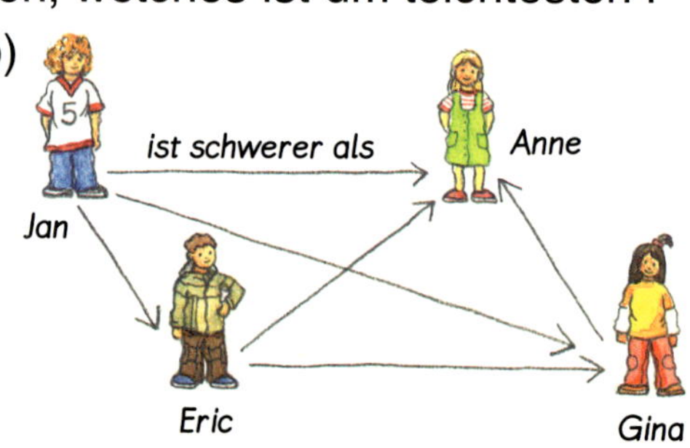

7 Zeichne zu den Gegenständen aus Nr. 3 ein Pfeilbild: ... ist schwerer als ...

Mein Merkheft

1 Ordne die Gegenstände nach ihrem Gewicht. Schätze zuerst, dann prüfe nach.
a) Welche Waage benutzt du?
b) Wie schwer sind die Gegenstände?

2 Wiege dich selbst und wiege deine Schultasche. Bist du mehr oder weniger als zehnmal so schwer wie deine Tasche?

3

a) 
20 ▢

b) 
70 ▢

c) 
$\frac{1}{2}$ ▢

d) 

1 ▢

e) 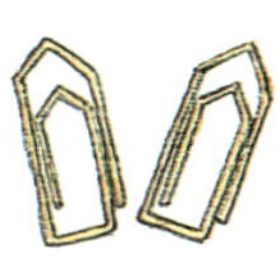
1 ▢

f) 

100 ▢

g) 

25 ▢

h) 
10 ▢

4 Ergänze auf 1 Kilogramm.

8 0 0 g + ▢ g = 1 kg

a)	b)	c)	d)
800 g	300 g	920 g	350 g
230 g	150 g	80 g	509 g
610 g	415 g	71 g	87 g
328 g	901 g	716 g	4 g

Größen

1 Ordne die Gewichte richtig zu. Schreibe so: 2-Euro-Münze ▒ g, …

8 kg | 10 g | 100 g | 1000 kg (1 t) | 1 kg

2 Ordne die Gewichte zu. Schreibe wie Zahlix.

30 g | 85 g | 500 g | 1000 g | $\frac{1}{4}$ kg | 450 g

3

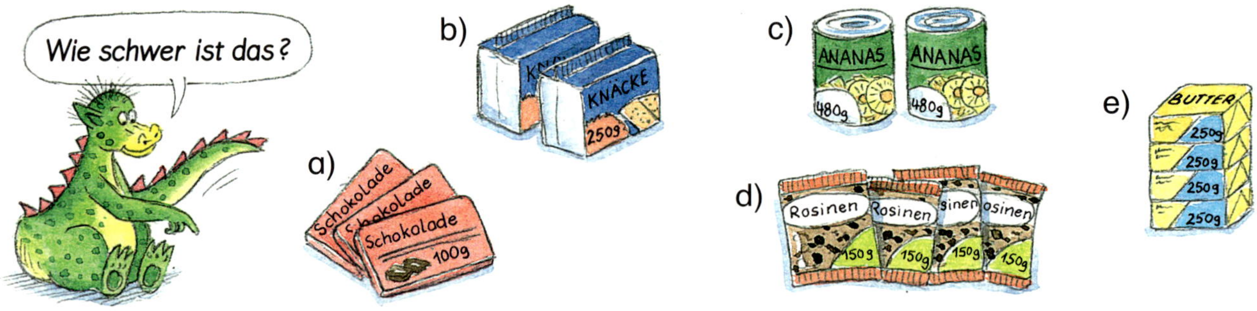

4 Wie viele Stücke von einer Sorte wiegen genau 1 kg? Schreibe so: Butter 4 Stücke

5 Mutter geht einkaufen.

a) Wie viel Gewicht kommt in jedem Geschäft hinzu?

b) Was wiegt der Korb nach dem Einkauf? Der leere Korb wiegt 540 g.

c) Kannst du den Einkaufskorb tragen?

Supermarkt | Gemüseladen | Bäcker | Metzger

6 Richtig oder falsch?

a) Mutter kauft $\frac{1}{2}$ kg Birnen.

b) Mutter bezahlt für ihren Einkauf 100 €.

c) Das Brot wiegt mehr als der Zucker.

d) Mutter kauft 4000 g Mehl.

e) Mutter kennt den Metzger schon sehr lange.

f) Mutters Einkaufskorb ist so schwer wie deine Schultasche.

1 a) Welche Gewichtsstücke gehören zu einem Wiegesatz?

b) Wie viel Gramm wiegt das Mehl, die Melone?

Wiegesatz

2 a)

b)

c)

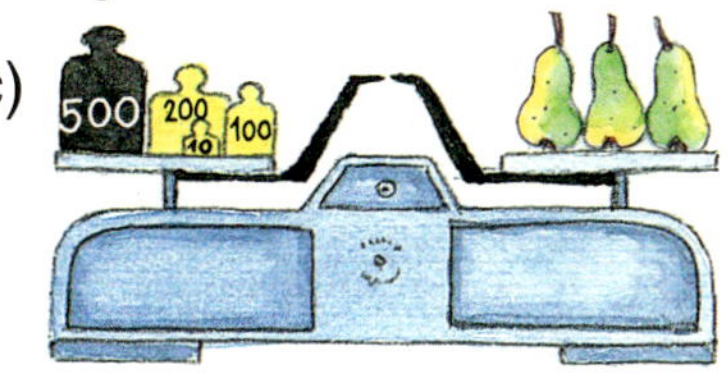

3 Wähle geeignete Gewichtsstücke. Verwende so wenige wie möglich.
Schreibe ins Heft: a) 350 g = 200 g + 100 g + 50 g

a) 350 g	435 g	444 g	481 g	b) 538 g	555 g	642 g	666 g
c) 674 g	723 g	777 g	888 g	d) 999 g	1001 g	1052 g	1 100 g

4 Wie viel wiegt ein Stück Obst?

a)

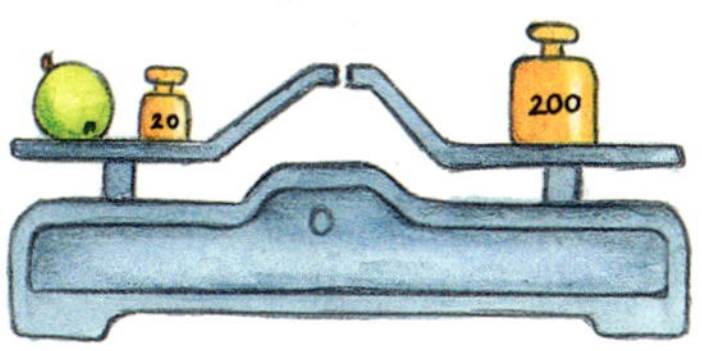

b)

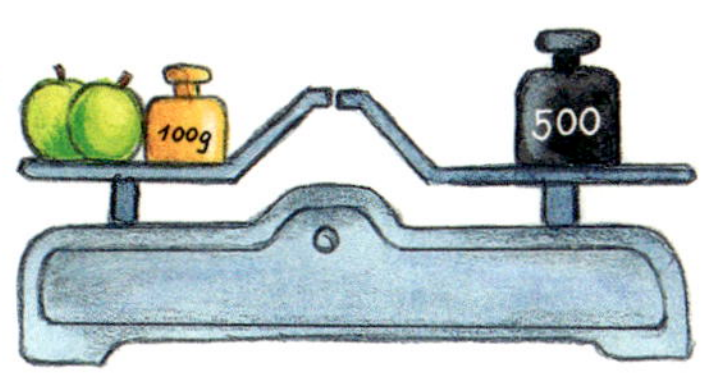

c)

5 a)

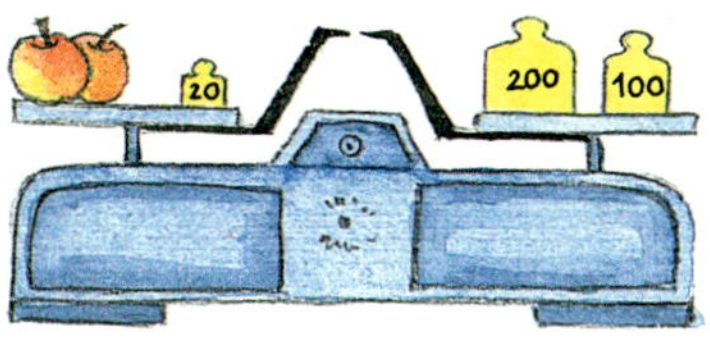

b)

c)

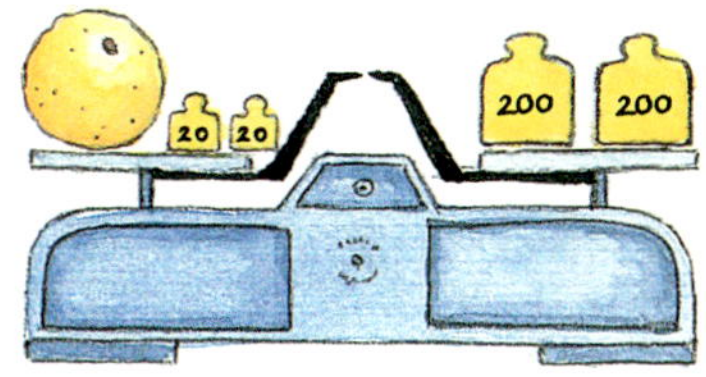

6 Zahlix hat vier Steine gefunden. Sie wiegen 1 g, 3 g, 9 g und 27 g. Damit kann Zahlix das Gewicht von Gegenständen bis 40 g auf der Balkenwaage bestimmen. Kannst du das auch?
Zeichne Beispiele, dann fülle die Tabelle aus.

Gegenstand rechts	1 g	2 g	3 g	4 g	5 g	6 g	7 g	8 g	9 g	40 g
Steine rechts	—	1 g					3 g			
Steine links	1 g	3 g					9 g + 1 g			

7 Mit welcher Einheit bestimmt man am besten das Gewicht

a) eines Tischtennisballs?
Zentimeter   Kilogramm   Gramm   Millimeter

b) eines acht Jahre alten Hundes?
Gramm   Kilometer   Kilogramm   Tonne

Erstaunliches von Tieren

1 Wie viel sie wiegen – wie groß sie sind.

a) Elefantenbaby 100 kg Schulterhöhe 1 m
b) Löwe 200 kg Schulterhöhe 1 m
c) Gorillaweibchen 150 kg Größe 1,60 m
d) Gorillababy 750 g
e) Orang-Utan 75 kg Größe 1,75 m
f) Schimpanse 50 kg Größe 1,50 m
g) Ein Floh ist ungefähr 2 mm lang.

2 Wie alt sie werden können.

a) Ameisenkönigin 15 Jahre
b) Arbeitsbiene 6 Wochen
c) Bär 30 Jahre
d) Elefant 70 Jahre
e) Gorilla 40 Jahre
f) Hund 15 Jahre
g) Hahn 20 Jahre
h) Kaninchen 6 Jahre
i) Karpfen 100 Jahre
j) Katze 20 Jahre

3 Wie viel sie fressen.

a) Ein Gorilla vertilgt an einem Tag 30 kg Pflanzenteile und Blätter.
b) Kühe fressen im Sommer etwa 60 kg Gras täglich.
c) Zoo-Elefanten brauchen täglich 75 kg Futter (Heu, Rüben, Hafer).
d) Löwen können pro Mahlzeit bis zu 30 kg Fleisch fressen und jagen dann erst nach einigen Tagen wieder; sie dösen bis zu 20 Stunden.

4 Was sie können.

a) Eine Biene produziert in ihrem ganzen Leben 1 g Honig.
b) Pinguine können auf Beutesuche über 480 m tief tauchen.
c) Das Blauwal-Baby wächst im ersten halben Lebensjahr um mehr als 1 m im Monat und nimmt täglich um 100 kg zu.
d) Die Wüstenheuschrecke frisst pro Tag ihr eigenes Gewicht an Nahrung.
e) Der Fächerfisch benötigt für eine Strecke von 90 m nur 3 Sekunden.
f) Eintagsfliegen leben nicht länger als 1 Stunde.
g) Ein Löwe kann bis zu 12 m weit springen, eine Katze schafft etwa 3 m.

Zahlen zum Vergleichen, Ordnen, Weiterrechnen und Staunen.
Suche ähnliche Angaben, vergleiche.

Alle Informationen zu diesen Aufgaben findest du auf Seite 112.

1 Bauer Meier hat sechs Kühe im Stall. Wie viel Kilogramm Gras fressen diese an einem Tag?

Kühe	1	2	
Gras	■ kg	■ kg	

Rechentabelle

2 Bauer Huber hat acht Kühe im Stall. Wie viel Kilogramm Gras brauchen diese an einem Tag?

3 Der Zirkus „Turini" hat für seinen Gorilla 120 kg Futter vorrätig. Wie lange reicht der Vorrat?

Tage	■	■	
Futter	30 kg	60 kg	

4 Der Zirkus „Antonio" hat für seine beiden Gorillas 360 kg Futter als Vorrat.

5 Der Zoo in Neustadt hat für seine beiden Elefanten 600 kg Futter vorrätig. Wie lange reicht das?

6 Der Erlebniszoo hat für seine Elefanten 900 kg Futter eingekauft. Der Vorrat reicht für drei Tage. Wie viele Elefanten besitzt der Zoo?

Kann das sein? Prüfe nach, welche Antworten richtig und welche falsch sind. Achtung: Manchmal kann ein Ergebnis richtig ausgerechnet, die Antwort aber trotzdem falsch sein.

Ergebnis überprüfen Antwort

7 Ein Karpfen kann doppelt so alt werden wie ein Bär.

8 Zwei Pinguine können über 900 Meter tief tauchen.

9 Zwei Löwen können zusammen 400 kg wiegen.

10 Zwei Fächerfische benötigen für eine Strecke von 90 Metern weniger als zwei Sekunden.

11 Eine Wüstenheuschrecke frisst jeden Tag so viel Pflanzenteile und Blätter wie fünf Gorillas.

12 Ein Blauwalbaby nimmt in zwei Wochen mehr als eine Tonne an Gewicht zu.

13 Ein Gorillababy wiegt so viel wie zehn Orang-Utans.

14 Vier Kühe fressen an einem Tag so viel wie ein Gorilla in acht Tagen.

Kartei

15 Denke dir eigene Aufgaben zu Tieren aus.

1

Kisten	1	3	4	6	5	■	■	■	■
Birnen	20	■	■	■	■	40	80	160	180

2 a) $2 \cdot 20$ b) $5 \cdot 20$ c) $10 \cdot 20$ d) $9 \cdot 20$
$4 \cdot 20$ $7 \cdot 20$ $8 \cdot 20$ $6 \cdot 20$

Vielfache von 20
1 · 20 = 20
2 · 20 = 40
3 · 20 = ■
4 · 20 = ■
5 · 20 = 100
6 · 20 = ■
7 · 20 = ■
8 · 20 = ■
9 · 20 = ■
10 · 20 = 200

3 a) 60 = ■ · 20 b) 80 = ■ · 20 c) 180 = ■ · 20
40 = ■ · 20 160 = ■ · 20 140 = ■ · 20

4 Welche Zahlen sind Vielfache von 20?
Schreibe so: 60 = 3 · 20
60 180 70 80 120 110 160 40 100 200 140

5 a) $2 \cdot 30$ b) $8 \cdot 30$ c) $30 \cdot 4$ d) $30 \cdot 7$
$3 \cdot 30$ $9 \cdot 30$ $30 \cdot 8$ $30 \cdot 5$
$6 \cdot 30$ $10 \cdot 30$ $30 \cdot 0$ $30 \cdot 3$

6 a) 60 = ■ · 30 b) 300 = ■ · 30 c) 270 = ■ · 30
120 = ■ · 30 150 = ■ · 30 210 = ■ · 30

Vielfache von 40
1 · 40 = 40
2 · 40 = 80
3 · 40 = ■
4 · 40 = ■
5 · 40 = 200
6 · 40 = ■
7 · 40 = ■
8 · 40 = ■
9 · 40 = ■
10 · 40 = 400

7 a) $5 \cdot 40$ b) $4 \cdot 40$ c) $7 \cdot 40$
$2 \cdot 40$ $6 \cdot 40$ $3 \cdot 40$
$8 \cdot 40$ $10 \cdot 40$ $0 \cdot 40$

8 a) 180 = 9 · ■ b) 240 = ■ · 40 c) 350 = ■ · 50
140 = 7 · ■ 120 = ■ · 40 240 = ■ · 60

9 a) $8 \cdot 30$ b) $6 \cdot 40$ c) $10 \cdot 20$ d) $8 \cdot 40$
$4 \cdot 30$ $3 \cdot 40$ $5 \cdot 20$ $4 \cdot 40$

1 Die kleine Aufgabe hilft.

a) 4 · 6
4 · 60
40 · 6

b) 7 · 8
7 · 80
70 · 8

c) 5 · 4
5 · 40
50 · 4

d) 8 · 7
8 · 70
80 · 7

e) 6 · 9
6 · 90
60 · 9

2 a) 4 · 20
6 · 30

b) 3 · 30
9 · 20

c) 30 · 7
20 · 3

d) 20 · 7
30 · 5

3 Was fällt dir auf? Rechne und finde noch weitere Päckchen.

a) 7 · 60
6 · 70

b) 3 · 80
8 · 30

c) 9 · 40
4 · 90

d) 8 · 50
5 · 80

4 a) 9 | 7 | 8 · 40 | 90 | 80

b) 6 | 4 | 5 · 90 | 50 | 60

5 Rechne zuerst die Malaufgabe.

a) 6 · 20 − 3
2 · 20 + 2
8 · 30 − 0
1 · 20 + 4
5 · 30 + 3
7 · 20 + 7
2 · 30 − 4

b) 5 · 30 − 3
8 · 20 + 2
4 · 20 − 8
2 · 30 + 4
10 · 20 − 8
6 · 30 − 5

c) 9 · 30 + 6
10 · 30 − 3
20 · 3 − 0
10 · 20 − 5
11 · 20 + 5

d) 11 · 20 + 4
20 · 7 + 7
20 · 8 + 2
10 · 20 − 4
20 · 10 − 5
2 · 30 + 4

6 a) 10 · 4 = ▢
100 · 4 = ▢

b) 10 · 7 = ▢
100 · 7 = ▢

c) 10 · 3 = ▢
100 · 3 = ▢

7 a) 7 · 10 = ▢
70 · 10 = ▢
7 · 100 = ▢

b) 9 · 10 = ▢
90 · 10 = ▢
9 · 100 = ▢

c) 6 · 10 = ▢
60 · 10 = ▢
6 · 100 = ▢

8 a) 500 = ▢ · 100
500 = ▢ · 10

b) 800 = ▢ · 100
800 = ▢ · 10

1 Maxi macht 60er-Sprünge.
Jeder Sprung kostet viel Kraft.
120 : 60 = 2 denn 2 · 60 = 120

Mini macht 6er-Sprünge.
Sie muss viel häufiger springen.
120 : 6 = 20 denn 20 · 6 = 120

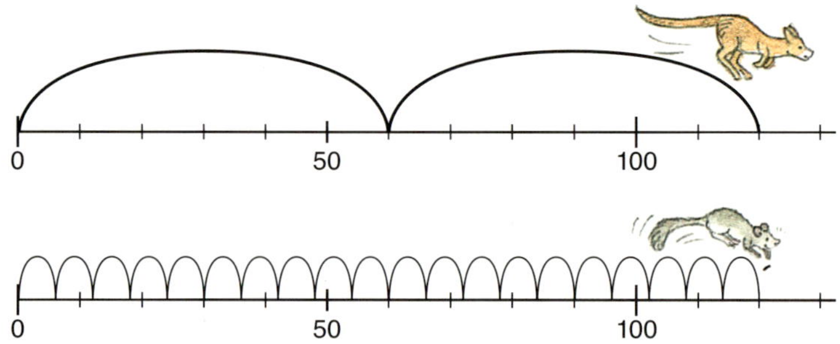

Wie oft muss Maxi springen? Wie oft Mini? Schreibe wie im Beispiel.

a) bis 180 b) bis 300 c) bis 420 d) bis 60 e) bis 600

2 Maxi und Mini strengen sich an.
Maxi schafft in jedem Sprung 80,
Mini in jedem Sprung 8.
Wie viele Sprünge machen sie?
Schreibe wie in Aufgabe 1.
a) bis 240, b) bis 400, c) bis 560

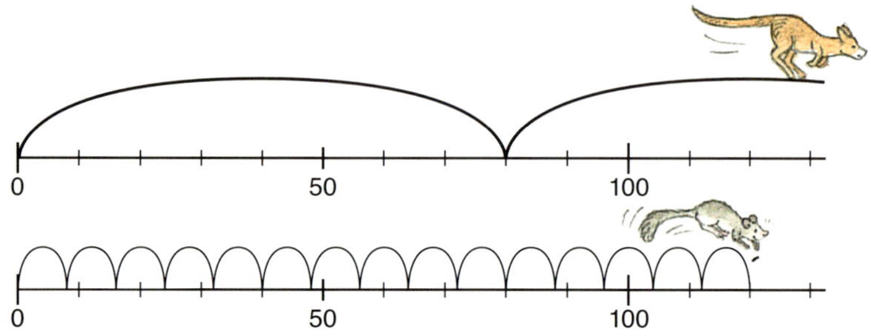

3 Maxi und Mini sind erschöpft. Maxi schafft nur noch 40er-Sprünge, Mini nur noch 4er-Sprünge. Wie viele Sprünge brauchen sie?

a) bis 120 b) bis 200 c) bis 240 d) bis 320 e) bis 400

4 Wer malnehmen kann,
kann auch teilen.
Schreibe wie im Beispiel:

360 : 4 = 90 denn 90 · 4 = 360

a) 360 : 4
360 : 6
360 : 9

b) 180 : 90
180 : 30
180 : 20

c) 120 : 3
120 : 4
120 : 2

d) 160 : 20
160 : 40
160 : 80

e) 300 : 5
300 : 6
300 : 10

5 a) 120 | 180 | 300 : 3 | 6 | 60

b) 240 | 320 | 400 : 4 | 40 | 80

6

24 : 4 = 6 240 : 40 = ▢ 240 : 4 = ▢

32 : 8 = ▢ 320 : 80 = ▢ 320 : 8 = ▢

45 : 9 = ▢ 450 : 90 = ▢ 450 : 9 = ▢

7 Wie geht es weiter? Rechne wie in Aufgabe 6.

a) 21 : 7 = ▢ b) 54 : 9 = ▢ c) 27 : 3 = ▢ d) 49 : 7 = ▢ e) 50 : 10 = ▢

1 Zahlix hat in seinem Zauberhut drei Zahlen. Aus diesen drei Zahlen zaubert er sechs Geteiltaufgaben.

45 : 5 = ▢	450 : 50 = ▢	450 : 5 = ▢
45 : 9 = ▢	450 : 90 = ▢	450 : 9 = ▢

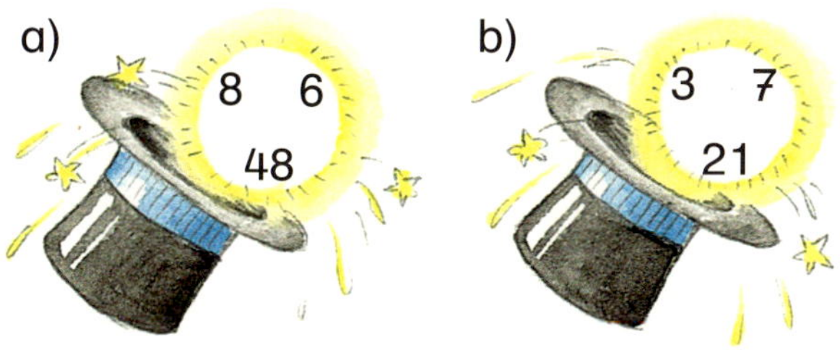

2 Zahline möchte auch zaubern. Wie heißen die sechs Geteiltaufgaben in Zahlines Zauberhüten?

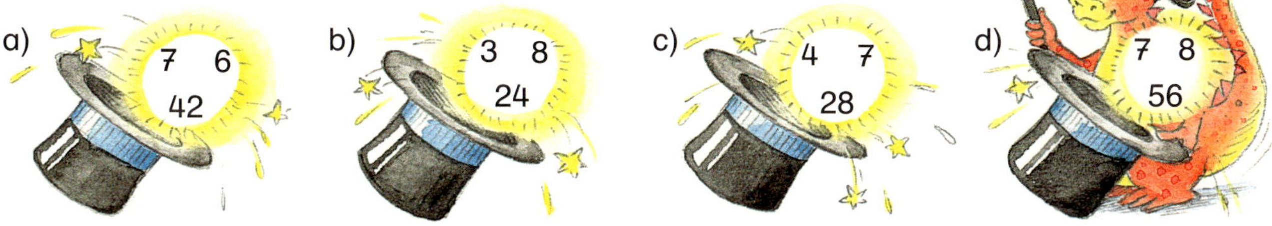

3 Hier fehlt eine Zahl. Welche? Schreibe die sechs Geteiltaufgaben auf.

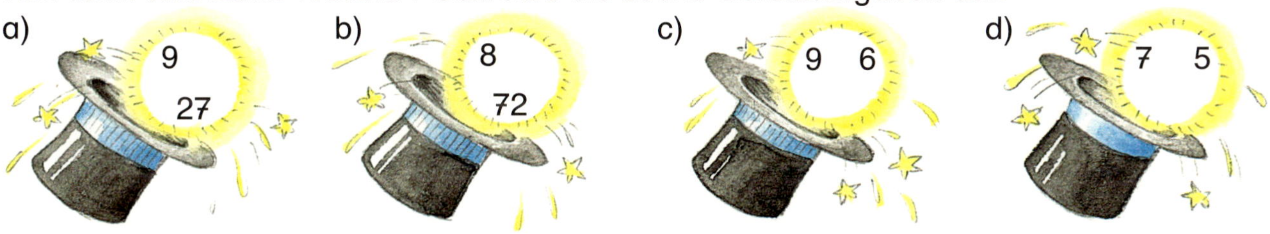

4 Nur eine Zahl. Kannst du auch hier sechs Geteiltaufgaben bilden?

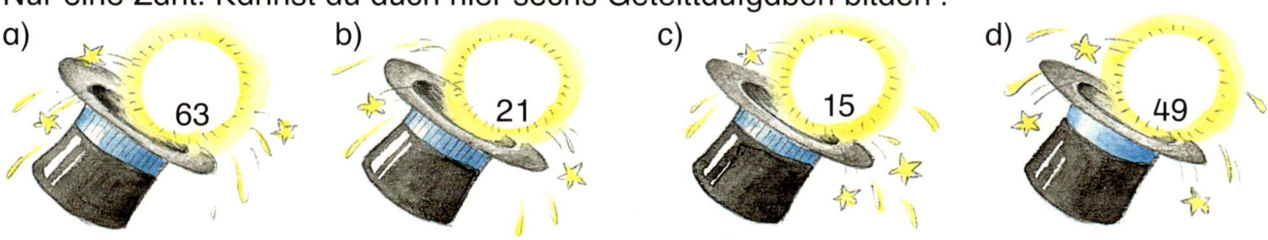

5 Nun zaubere mit deinem Nachbarn. Schreibe drei passende Zahlen auf.
Dein Nachbar schreibt die sechs Geteiltaufgaben dazu. Dann wechselt euch ab.

---

6 Zahlix kennt den Nullentrick.

a) 300 : 100
800 : 100
400 : 100
200 : 100

b) 1000 : 100
500 : 100
600 : 100
700 : 100

7 a) 900 : 300
600 : 300
600 : 200
300 : 300

b) 700 : 700
700 : 100
800 : 400
400 : 400

Testlauf durch das Malnehmen und Teilen mit Zehnerzahlen

40

1 Welche Zahlen sind Vielfache von 40? Schreibe die Malaufgaben dazu.

160 200 250 280 320 340 360

2

a) 6 · 40	b) 5 · 40	c) 9 · 40
3 · 40	7 · 40	4 · 40
8 · 40	2 · 40	10 · 40

3

a) 40 · 4	b) 40 · 3	c) 40 · 0
40 · 8	40 · 6	40 · 9

4

a) 120 = ■ · 40	b) 160 : 40
240 = ■ · 40	280 : 40
400 = ■ · 40	320 : 40

5 Zähle die Ergebnisse der beiden Päckchen zusammen. Du erhältst 1000.

a) 5 · 40 + 60	b) 7 · 40 − 100
9 · 40 + 20	6 · 40 − 60

60

1 Schreibe die Vielfachen von 60 auf.

2 Vergleiche mit den Vielfachen von 30. Welche Zahlen gehören zu beiden Reihen? Schreibe zu diesen Zahlen beide Malaufgaben auf.

3

a) 3 · 60	b) 60 · 5	c) 60 · 8
6 · 60	60 · 4	60 · 9
9 · 60	60 · 6	60 · 7

4

Stunden	1	3	■	7	■	10	■
Minuten	■	■	300	■	540	■	660

5

a) 240 = ■ · 60	b) 480 : 60
360 = ■ · 60	540 : 60
180 = ■ · 60	300 : 60

6 2 · 61 5 · 61 7 · 61 10 · 61

80

1 Schreibe die Vielfachen von 80 auf.

2 Welche Zahlen sind Vielfache von 80? Schreibe die Malaufgaben dazu.

160 200 240 280 320 400 480

3

a) 80 · 4	b) 80 · 2	c) 80 · 5
80 · 8	80 · 7	80 · 10
80 · 9	80 · 6	80 · 0

4 Was fällt dir auf?

a) 2 · 80	b) 3 · 80	c) 5 · 80
4 · 40	6 · 40	10 · 40

5 Zähle die Ergebnisse der beiden Päckchen zusammen. Du erhältst 1000.

a) 2 · 80 + 30	b) 8 · 80 − 500
7 · 80 + 50	2 · 80 − 100

ZAHLENRÄTSEL

1 Marcel denkt sich eine Zahl. Er nimmt sie mit 50 mal und erhält 350.

2 Janine denkt sich eine Zahl. Sie nimmt sie mit 80 mal und erhält 320.

3 Tom denkt sich eine Zahl. Er teilt sie durch 3 und erhält 40.

4 Lara denkt sich eine Zahl. Sie nimmt sie mit 50 mal und zählt danach 200 dazu. Als Ergebnis erhält sie 500.

5 Svenja denkt sich eine Zahl. Sie nimmt sie mit 40 mal, danach zählt sie 140 dazu. Als Ergebnis erhält sie 300.

70

1 Schreibe die Vielfachen von 70 auf.

2 a) 70 · 3 b) 70 · 4 c) 70 · 2
70 · 6 70 · 8 70 · 10
70 · 9 70 · 5 70 · 0

3 a) 420 = ▢ · 70 b) 350 : 70
700 = ▢ · 70 280 : 70
630 = ▢ · 70 560 : 70

4 Zähle die Ergebnisse der beiden Päckchen zusammen. Du erhältst 1000.
a) 4 · 70 + 50 b) 2 · 70 − 90
3 · 70 + 30 6 · 70 − 40

5 a) 70 · 2 b) 70 · 3 c) 70 · 5
20 · 7 30 · 7 50 · 7
d) Kannst du noch ein Päckchen schreiben?

6 2 · 71 4 · 71 8 · 71 10 · 71

---

1 a) 80 · 6 b) 70 · 3 c) 40 · 8
60 · 8 30 · 7 80 · 4
d) Kannst du noch ein Päckchen schreiben?

2 a) 150 = ▢ · 5 b) 400 = ▢ · 5
150 = ▢ · 50 400 = ▢ · 50
c) 280 = ▢ · 4 d) 630 = ▢ · 9
280 = ▢ · 40 630 = ▢ · 90

3 a) 3 · 80 = ▢ · 60 b) 4 · 30 = ▢ · 20
2 · 90 = ▢ · 60 2 · 80 = ▢ · 40
c) 2 · 40 = ▢ · 80 d) 6 · 60 = ▢ · 90
3 · 40 = ▢ · 60 4 · 50 = ▢ · 20

4 Zaubere jeweils sechs Geteiltaufgaben.
a)

b)

90

1 Schreibe die Vielfachen von 90 auf.

2 a) 2 · 90 b) 4 · 90 c) 90 · 10
7 · 90 8 · 90 90 · 0

3 a) 540 = ▢ · 90 b) 270 : 90
720 = ▢ · 90 450 : 90
360 = ▢ · 90 630 : 90

4 a) 2 · 90 b) 3 · 90 c) 5 · 90
9 · 20 9 · 30 9 · 50
d) Kannst du noch ein Päckchen schreiben?

5 Zähle die Ergebnisse der beiden Päckchen zusammen. Du erhältst 1000.
a) 2 · 90 + 20 b) 8 · 90 − 500
5 · 90 + 30 3 · 90 − 170

6 3 · 91 5 · 91 7 · 91 9 · 91

Malifant

1

·	30	80	
5	▢	▢	▢
2	▢	▢	▢
	▢	▢	▢

2

·	50	▢	
3	▢	180	▢
6	▢	▢	▢
	▢	▢	▢

3

·	▢	2	
70	▢	▢	560
40	▢	▢	▢
	▢	▢	▢

1 Lea kauft einen Blumenkohl und ein Netz Orangen. Wie viel Euro muss sie bezahlen? Erkläre die Lösung.

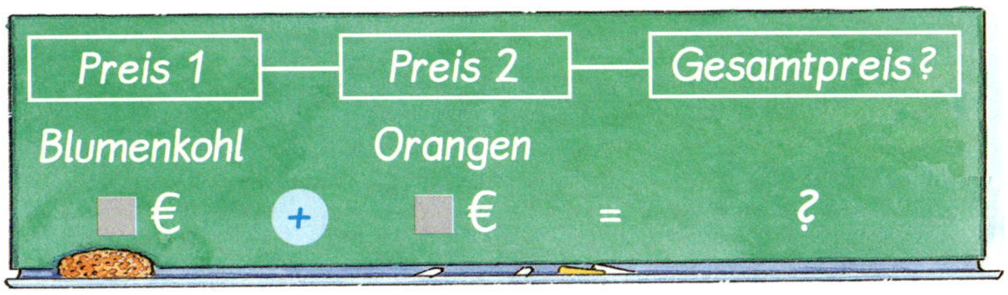

2 Schreibe zu jeder Aufgabe eine Dreierkette. Dann rechne und antworte. Du kaufst

a) eine Schale Erdbeeren und ein Netz Orangen

b) eine Packung Äpfel und eine Gurke

c) einen Salatkopf und einen Maiskolben

3 Markus kauft drei Kiwis.
Wie viel Euro muss er bezahlen?
Erkläre die Lösung.

4 Ralf kauft ein. Schreibe zu jeder Aufgabe eine Dreierkette. Dann rechne und antworte.

a) 6 Salatköpfe

b) 3 Gurken

c) 2 Schalen Erdbeeren

5 Tom kauft Lauch für 3,20 €.

a) Welches Glied der Dreierkette ist hier gesucht?

b) Zeichne die Dreierkette ins Heft.

c) Setze die richtigen Rechenzeichen ein und rechne aus.
Welchen Rechenweg wählst du?

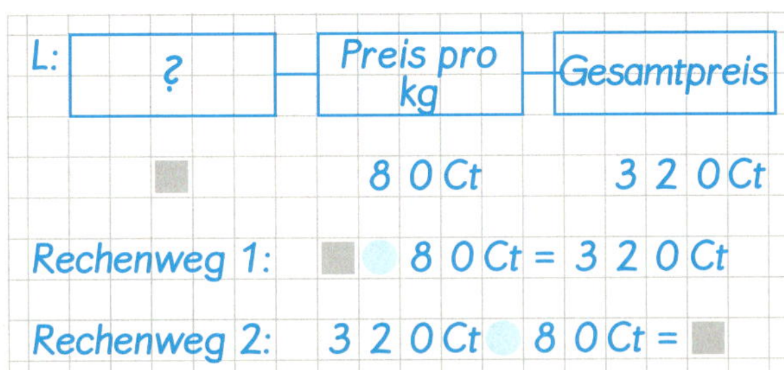

6 Lea kauft Erdbeeren für 4,80 €. Löse wie in Aufgabe 5.

7 Tim kauft acht Zucchini für 4,80 €.

8 Nicole kauft sechs Auberginen für 4,20 €.

Kartei **9** Finde selbst Aufgaben.

Sachrechnen

1 Michael kauft drei Schalen Erdbeeren und vier Köpfe Salat.

a) Erkläre den Lösungsweg.

b) Schreibe die Schritte des Lösungsweges in dein Heft, ergänze die bekannten Angaben und rechne fertig.

Dreierkette
Du kannst die Schritte deines Lösungsweges aus einzelnen Dreierketten aufbauen.

Preis Erdbeeren:

Anzahl	Preis pro Schale	Preis 1 ?
■ ●	■ Ct =	?

Preis Salat:

Anzahl	Preis pro Stück	Preis 2 ?
■ ●	■ Ct =	?

Gesamtpreis:

Preis 1	Preis 2	Gesamtpreis ?
■ Ct ●	■ Ct =	?

2 Sophia kauft 9 Maiskolben und drei Kilogramm Lauch.
Löse wie in Aufgabe 1.

3 Was könnte Marie mit 8 € kaufen?

4 Max kauft 6 Kiwis und vier Bund Möhren.
Er bezahlt mit einem 10-€-Schein.

a) Ergänze den oberen Teil des Lösungsweges in dein Heft.

b) Übernimm auch die letzte Dreierkette des Lösungsweges in dein Heft und rechne fertig.

Preis 1	Preis 2	Gesamtpreis ?
■ Ct ●	■ Ct =	?

Rückgeld:

gegebenes Geld	Gesamtpreis	Rückgeld ?
■ € ●	■ € =	?

5 Verena kauft vier Gurken und drei Kilogramm rote Äpfel.
Sie bezahlt mit einem 20-€-Schein.

6 Sebastian kauft vier Köpfe Salat und drei Bund Möhren. Er erhält 4,70 € zurück.

7 Lena kauft vier Schalen Erdbeeren und einige Kiwi. Sie bezahlt 7,90 €.

8 Martin kauft acht Maiskolben und vier Kilogramm Zwiebeln. Er bezahlt 6,80 €.

9 Michael kauft Kiwis und Birnen. Er bezahlt mit einem 10-€-Schein.

10 Selina kauft sechs Schalen Erdbeeren und Blumenkohl.
Sie bezahlt mit einem 20-€-Schein und erhält 8,60 € zurück.

11 Familie Meier kauft zwei Kilogramm Paprika, drei Kilogramm Lauch, vier Kilogramm rote Äpfel und mehrere Kilogramm Trauben. Sie bezahlen mit einem 20- und einem 5-€-Schein und erhalten 4,10 € zurück.

Eine Aufgabe ist eine Kapitänsaufgabe.

Größen

1

2 Wie viele Sekunden sind es?

a) 

1 min

b) 

$\frac{1}{4}$ min

c) 

$\frac{3}{4}$ min

d) 

$\frac{1}{2}$ min

3 Wie viele Sekunden sind es?

a)	b)	c)	d)	e)
1 min	3 min	5 min	1 min 30 s	3 min 20 s
2 min	9 min	10 min	4 min 45 s	2 min 47 s
4 min	8 min	7 min	2 min 7 s	5 min 12 s

4 Wie viele Sekunden fehlen noch bis zur vollen Minute?

a)	b)	c)	d)	e)	f)
50 s	45 s	32 s	14 s	28 s	114 s
29 s	54 s	30 s	58 s	49 s	146 s

5 Wer ist der Schnellste? Ordne.

a)		b)		c)		d)	
Gregor:	7,8 s	Maria:	9,2 s	Stefan:	9,3 s	Tanja:	8,3 s
Martin:	8,7 s	Steffi:	8,1 s	Andi:	6,9 s	Laura:	8,5 s
Artur:	9,3 s	Sophia:	8,0 s	Bastian:	7,6 s	Anna:	9,1 s
Leon:	7,7 s	Elena:	8,4 s	Jonas:	8,2 s	Sarah:	8,9 s

Mein Merkheft

1 min = 60 s
1 Minute hat 60 Sekunden.
1 Sekunde hat 10 Zehntelsekunden.

1 a) Kennst du diese Uhren? Erzähle.
b) Welche Uhrzeit zeigen die Uhren an?
c) Wie viele Sekunden fehlen noch bis zur vollen Minute?

2 Wie spät ist es? Schreibe auf zweierlei Weise wie im Beispiel.

a)  b)  c)  d)  e)  f) 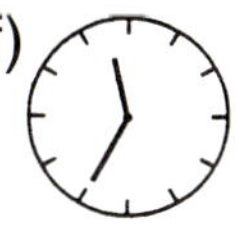

a) 7.50 Uhr
19.50 Uhr

3 Schreibe die Uhrzeit mit der passenden Sprechweise auf.

a) 19.50 b) 15.20 c) 17.30 d) 14.45 e) 8.40 f) 23.45

zwanzig vor neun · dreiviertel zwölf · zwanzig nach drei · 10 Minuten vor acht · halb sechs · Viertel vor drei

4 <, > oder =

a) 40 min ○ 1 h
60 min ○ 1 h

b) 70 min ○ 1 h
120 min ○ 2 h

c) 1 h 40 min ○ 140 min
1 h 15 min ○ 70 min

5 Wie viele Minuten sind es? Schreibe so: 1 h 15 min = 60 min + 15 min = …

a) 1 h 15 min
2 h 30 min

b) 7 h
4 h

c) 3 h 4 min
2 h 3 min

d) 4 h 15 min
6 h 5 min

e) 5 h 25 min
10 h 10 min

6 Wie viele Stunden und Minuten sind es? Schreibe so: 80 min = 1 h 20 min

a) 121 min
140 min

b) 184 min
240 min

c) 430 min
190 min

d) 609 min
360 min

e) 570 min
490 min

7 Ergänze.

a) 150 min + ■ min = 3 h
225 min + ■ min = 4 h

b) 125 s + ■ s = 3 min
155 s + ■ s = 3 min

c) 315 min + ■ min = 6 h
274 min + ■ min = 5 h

Mein Merkheft

1 h = 60 min
1 Stunde hat 60 Minuten.

Kid's TV	Kika
14.00 Winnie Puh	14.10 Tom & Jerry
14.30 Disney Club	14.55 Die Maus
14.55 Die Rasselbande	15.35 Tolle Sachen
15.25 Mein Hund Strolch	15.55 Fünf Freunde
16.55 Käpt'n Balu 	17.20 Tabaluga
17.20 Die drei Bären	18.05 Oliver Twist 
19.20 Quiz mit Pit	19.50 Logo

1 a) In welchem Programm läuft der Film „Fünf Freunde"?
b) Was wird vorher, was nachher gezeigt?
c) Um wie viel Uhr beginnt der Film?
d) Wann endet der Film?
e) Der Film „Die drei Bären" hat eine Spielfilmlänge von 90 Minuten. Das Quiz beginnt aber erst 2 Stunden später. Wie kommt das?

2 Wie lange dauert der Film „Fünf Freunde"?

Pfeilbild

Zeitpunkt (Beginn)	Zeitdauer	Zeitpunkt (Ende)
■ Uhr	■ h ■ min →	■ Uhr

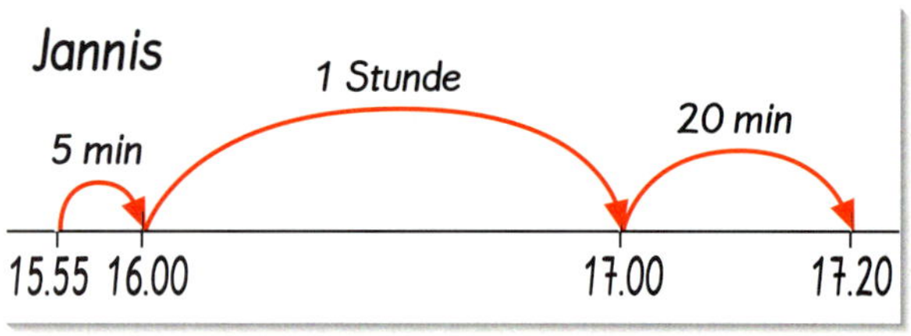

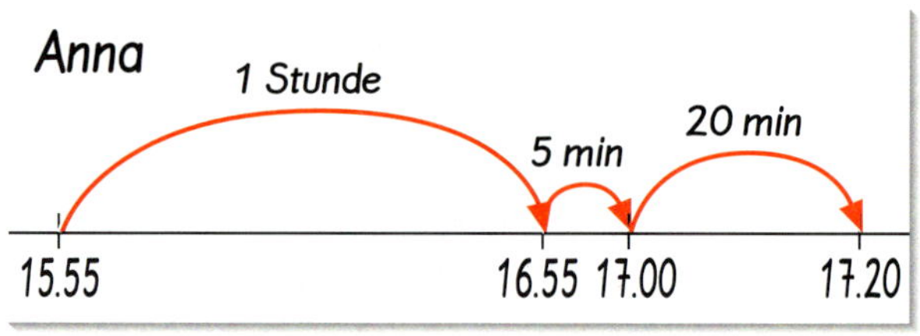

3 Tom schaltet um 15.15 Uhr das Fernsehgerät ein.
Nach der Sendung „Käpt'n Balu" schaltet er aus. Wie lange hat er ferngesehen?

4 Carina schaltet um 16.40 Uhr den Kinderkanal ein. Nach der Sendung „Tabaluga" schaltet sie wieder aus.

5 Lea schaut sich die Sendungen „Die Maus" und „Tolle Sachen" an. Wie lange sitzt sie vor dem Fernsehgerät?

6 Wie lange dauert es?

a) von 16.15 Uhr bis 17.50 Uhr
Zeitdauer: ■ h ■■ min

b) von 15.12 Uhr bis 16.55 Uhr
c) von 17.05 Uhr bis 22.31 Uhr
d) von 18.04 Uhr bis 20.49 Uhr
e) von 15.58 Uhr bis 19.22 Uhr

7 Bilde zu den Pfeilbildern Rechengeschichten und löse sie.

	Beginn	Dauer	Ende
a)	15.10 Uhr	55 min →	■
b)	■	47 min →	17.20 Uhr
c)	20.15 Uhr	■ →	22.30 Uhr

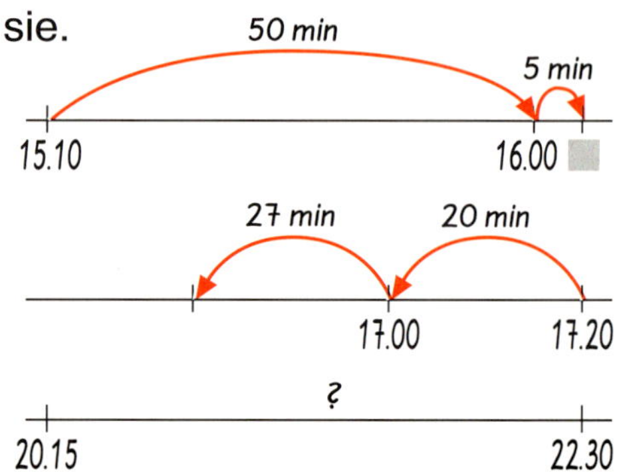

Zahlix und Zahline fahren mit dem Zug von Innsbruck nach München. Sie sitzen mit vier weiteren Personen in einem Abteil.
Der Zug fährt durch einen Tunnel. Es wird dunkel im Abteil. Als es wieder hell ist, bemerkt die Frau, dass ihr Geldbeutel gestohlen wurde. Zahlix und Zahline wissen sofort, wer der Dieb ist und machen sich auf die Suche nach ihm.

Fahrtbegleiter

Innsbruck Hbf ⟶ München Hbf

Bahnhof	Abfahrt Zug 1	Abfahrt Zug 2	Abfahrt Zug 3
Innsbruck Hbf	12:38	14:38	16:38
Innsbruck Westbahnhof	12:42	14:42	16:42
Kranebitten	12:51	14:51	16:51
Hochzirl	13:05	15:05	17:05
Seefeld in Tirol	13:15	15:15	17:15
Mittenwald	13:37	15:37	17:37
Garmisch-Partenkirchen	14:04	16:04	18:04
Eschenlohe	14:18	16:18	18:18
Murnau	14:30	16:30	18:30
Weilheim (Oberbayern)	14:49	16:49	18:49
Tutzing	15:00	17:00	19:00
München Hbf an	15:27	17:27	19:27

1 Weißt du auch, wer der Dieb ist?

2 Der Dieb hinterließ an seinem Platz einen Fahrschein. Wo ist er eingestiegen?

3 Auf dem Fahrtbegleiter sehen Zahlix und Zahline die Zugverbindungen. Der Diebstahl geschah um 15.03 Uhr.
a) Wann ist der Dieb losgefahren?
b) Wie lange saß der Dieb schon im Zug?

4 Die Frau sagt, dass sie in Innsbruck Westbahnhof eingestiegen ist. Wie lange saß sie im Zug bis der Diebstahl geschah?

5 Zahlix und Zahline machen sich auf die Suche nach dem Dieb. Beim nächsten Halt in Hochzirl können sie ihn nicht auf dem Bahnhof entdecken, also muss er noch im Zug sein. Wie viel Zeit bleibt ihnen noch bis zum nächsten Halt den Dieb zu suchen?

6 Zahlix und Zahline treffen auf den Schaffner. Sie berichten ihm von dem Diebstahl und beschreiben den Täter. Der Schaffner ist sich sicher, den Dieb im letzten Waggon gesehen zu haben. Sie befinden sich gerade im dritten Waggon. Der Zug hat insgesamt 16 Waggons. Jeder Waggon ist 20 m lang. Zahlix und Zahline laufen in einer Minute 60 m. Schaffen sie es rechtzeitig vor dem nächsten Halt im 16. Waggon zu sein, um den Dieb zu fangen?

7 Frau Winter kommt um 14.47 Uhr in Weilheim an.
a) Wann ist sie in Innsbruck Hbf abgefahren?
b) Wie lange war sie unterwegs?

8 Herr Bürkner kommt um 18.58 Uhr in Tutzing an. Er war 54 Minuten unterwegs.
a) Welchen Zug hat er benutzt?
b) In welchem Ort ist er eingestiegen und wann ist er dort abgefahren?

Rechenfrage

Wichtige Angaben

Lösung

Skizze

Überschlag

Rechnung

Ergebnis überprüfen
Antwort

1 Familie Koch (2 Erwachsene, 2 Kinder) und Frau Eichler mit ihren beiden Kindern wollen nach Aschaffenburg. Von dort aus planen sie Fahrradtouren am Main und Wanderungen durch den Spessart. Am Samstag nehmen sie um 14.30 Uhr an der Altstadtführung teil. Erwachsene zahlen 3,50 €, Kinder 1,50 €. Danach gehen sie ins Freibad schwimmen. Hier kostet der Eintritt für Erwachsene 3 €, für Kinder 1,50 €. Wie hoch sind die Gesamtkosten?

2 Am Sonntag fahren alle gemeinsam mit dem Rad von Aschaffenburg nach Seligenstadt und von dort mit dem Schiff zurück. Die Schifffahrt kostet für Erwachsene 8,50 €, für Kinder 5,50 €. Die Mitnahme der Fahrräder kostet pro Fahrrad 1,50 €. Gesamtkosten?

3 Die Familien unternehmen am Montag eine Fahrradtour über 42 Kilometer. Sie fahren um 9.00 Uhr in Aschaffenburg los. In einer Stunde legen sie 12 km zurück. Für Pausen und Besichtigungen rechnen sie drei Stunden. Gegen 16 Uhr wollen sie zurück sein. Werden sie das wohl schaffen?

4 Am Dienstag macht Familie Koch noch eine Radtour über 25 Kilometer. Sie starten um 12.30 Uhr in Aschaffenburg. Nach einer Stunde machen sie eine Pause. Sie sind 12 km gefahren. Die Pause dauert 45 min. Für die restliche Strecke brauchen sie noch 1 h 10 min. Wann ist Familie Koch wieder in Aschaffenburg?

5 Familie Eichler macht am Dienstag eine Wanderung im Spessart. Die Rundstrecke ist 12 km lang. Sie starten um 11.30 Uhr. Für Pausen haben sie 1 h 30 min eingeplant. Wie viele Kilometer müssen sie in einer Stunde zurücklegen, wenn sie um 16 Uhr wieder am Ausgangspunkt sein wollen?

KAKAO
Ich trinke 20 l Kakao in der Grundschulzeit.
Ich glaube, ich hatte 100 Stunden Mathematik in der 3. Klasse.
Lisa
Ich bin eine Künstlerin. Ich habe in der Grundschulzeit schon 100 Bilder gemalt.
Ein Schuljahr hat ungefähr 37 Schulwochen.
Bald bin ich in der 4. Klasse. Ich bin jetzt schon 600-mal zur Schule gegangen.
SCHULE
600x
Alle Kinder unserer Schule bilden eine Kinderkette. Wir schaffen einen Kilometer.
Schule 200 km
Ich werde Sportler, denn ich habe 100 Stunden Sportunterricht in einem Monat.
Ich wohne 500 m von der Schule weg. Ich gehe in einem Schuljahr 200 km zur Schule.

Du kannst anfangen, wo du willst.

1

350 − 179 =   171 + 429 =
1000 − 750 =   250 : 50 =   600 : 3 =
5 · 70 =   200 · 5 =

2

500 − 125 =   720 − 72 =
375 + 185 =   560 : 7 =   796 − 296 =
648 + 148 =   80 · 9 =

3

1000 − 280 =   540 − 460 =
80 · 6 =   360 : 40 =   480 + 520 =
9 · 60 =   720 : 2 =

1

Wie schwer ist das?

a) Frau Seifert kauft drei Tafeln Schokolade und ein Stück Butter.

b) Karin kauft eine Dose Ananas und ein Päckchen Rosinen.

2 Ergänze auf 1 kg.

400 g + 200 g + ▢ = 1000 g
600 g + 150 g + ▢ = 1000 g
250 g + 170 g + ▢ = 1000 g
70 g + 480 g + ▢ = 1000 g

1

a)	b)	c)	d)	e)	f)	g)	h)
534	748	968	775	853	560	620	635
− 212	− 325	− 405	− 103	− 326	− 234	− 87	− 228

322   326   407   423   443   527   533   563   672

2 Zähle die drei Ergebnisse zusammen. Du erhältst immer 1000.

a)	b)	c)
634 − 258	965 − 587	745 − 287
746 − 348	847 − 369	513 − 359
843 − 617	325 − 181	614 − 226

3 Drei Ergebnisse sind falsch. Überschlage und rechne richtig.

a) 614 + 386 = 1000   b) 812 − 519 = 393
c) 257 + 689 = 846   d) 892 − 283 = 609
e) 716 − 367 = 349   f) 526 + 297 = 903

4

a)	b)	c)	d)	e)	f)
▢ 3 ▢	7 ▢ 2	▢ 5 1	▢ 8 ▢	6 ▢ 3	▢ 2 6
− 2 ▢ 2	− ▢ 4 ▢	− 3 ▢ 4	− 5 ▢ 7	− 2 5 ▢	− 2 1 ▢
3 6 2	4 3 5	2 6 ▢	2 4 6	▢ 4 8	3 ▢ 7

5

69   281   508   841
157   324   764

Wähle zwei Zahlen aus und ziehe sie voneinander ab. Das Ergebnis soll zwischen 300 und 500 liegen.

333   351   439   440   451   483

1

Blockflöte	39 €
Klarinette	185 €
Saxofon	599 €
Querflöte	258 €
Geige	249 €
Keyboard	159 €
Notenständer	39 €

a) Janina bekommt zum Geburtstag 165 €. Sie kauft eine Querflöte.

b) Jan hat 175 € gespart. Er möchte ein Saxofon kaufen.

c) Nele wünscht sich eine Geige und einen Notenständer. Sie hat auf dem Sparbuch 419 €.

d) Sandra, Dirk und Fatima vergleichen die Preise von Blockflöte und Keyboard. Wer hat Recht?
Sandra: „Das Keyboard ist mehr als viermal so teuer."
Dirk: „Der Preisunterschied beträgt 120 Euro."
Fatima: „Keyboard und Blockflöte kosten zusammen über 200 Euro."

2 a)

•	30		
8			
2		14	

b)

•	40		
6		48	
	160		

c)

•	20		
10			300
		160	

3

a)

b)

c) Die Zielzahl ist immer ________ als die Startzahl.

1 Geheimnisvolle Rechentürme. Immer die gleiche Zahl im obersten Stein.

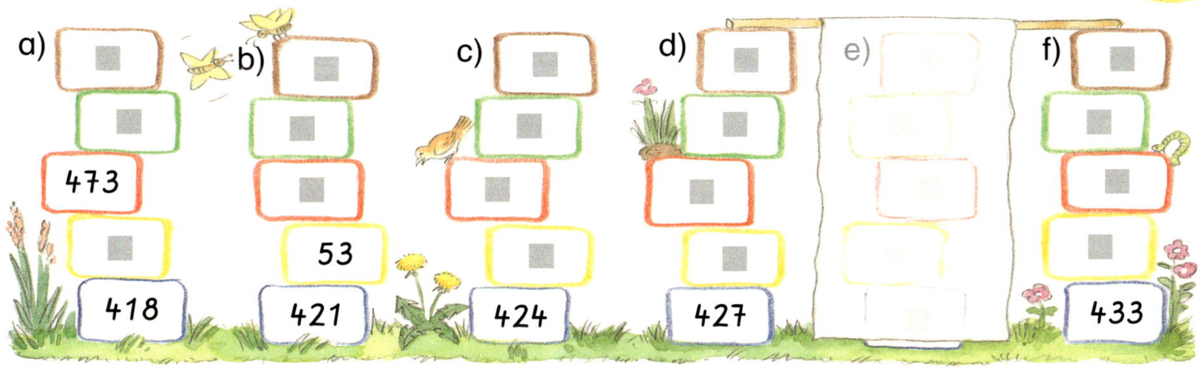

2 Besondere Ergebnisse.

a) Meine Zahl ist doppelt so groß wie 242. Ziehe 40 von meiner Zahl ab.

b) Nimm 7 und 11 mal. Zähle zum Ergebnis 700.

c) Nimm 8 und 25 mal. Verdopple das Ergebnis. Zähle zum Schluss noch 266 dazu.

d) Ziehe von der Zahl 2 000 das Doppelte von 550 ab. Zähle zum Ergebnis 99 dazu.

Pokalaufgaben: Aufgaben mit erhöhtem Anspruch

Malifanten, Rechendreiecke und Ziffernkärtchen

1 a)

•	4	■	
■	■	35	55
■	12	■	■
	■	■	88

b)

•	5	■	
7	■	14	■
4	■	■	■
	■	■	■

c)

•	■	■	
■	30	■	45
4	■	■	■
	54	■	■

2 a)

•	9	3	
■	■	6	■
■	■	21	■
	■	■	■

b)

•	9	■	
4	■	24	■
■	27	■	45
	■	■	■

c)

•	4	5	
■	28	■	■
6	■	■	■
	■	■	■

Rechendreiecke mit Malaufgaben

3

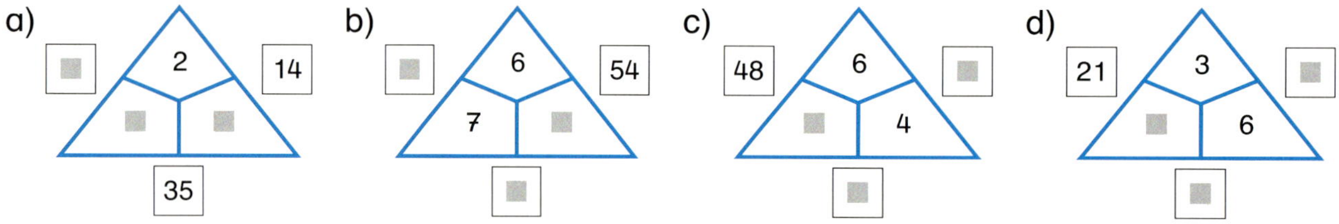

4

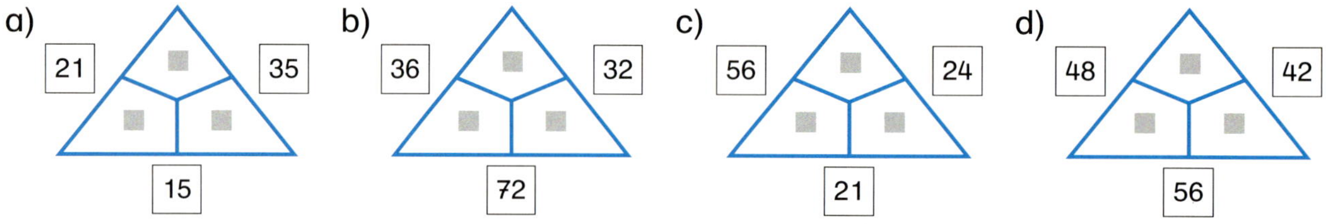

Malaufgaben mit Ziffernkärtchen

5 Elena hat von den Ziffernkärtchen zwei ausgewählt und damit eine Malaufgabe gerechnet.

a) Ihr Ergebnis ist 28. Welche Karten hat sie gewählt?

b) Welche Karten kann sie wählen, um das Ergebnis 24 (42, 18, 56) zu erreichen?

c) Welches ist das größte Ergebnis, welches ist das kleinste, das Elena bekommen kann?

6 Das Ergebnis von Elenas Malaufgabe soll zwischen 20 und 30 liegen. Welche Karten kann sie nehmen? Schreibe alle Möglichkeiten auf.

7 David darf drei Karten nehmen. Er nimmt zuerst zwei Zahlen mal und zählt dann die dritte Zahl dazu oder zieht sie ab.

a) David hat die Zahl 50 erhalten. Wie hat er gerechnet?

b) Kann David auch die Zahl 30 erreichen? Wie muss er rechnen?

c) Wie kann David Zahlen zwischen 9 und 15 erreichen?

Einstieg zu „Malifanten" und „Rechendreiecken mit Malaufgaben" auf Seite 27 und zu

1 Zahlix hat in der Stellenwerttafel mit Plättchen die Zahl 367 gelegt.

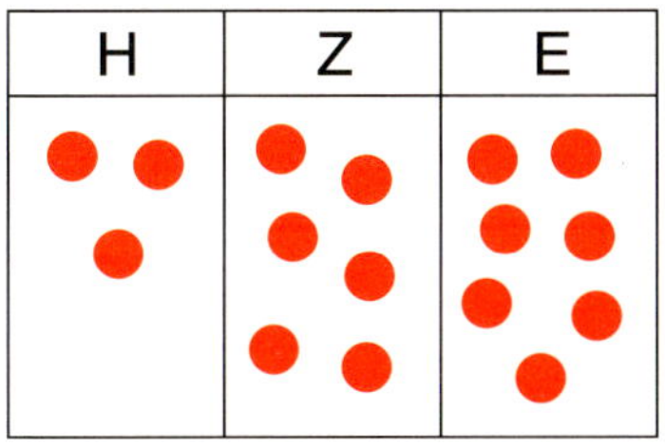

Wie verändert sich die Zahl, wenn man

a) ein Hunderterplättchen in die Zehnerspalte und ein Zehnerplättchen in die Einerspalte legt?

b) ein Einerplättchen in die Zehnerspalte und ein Zehnerplättchen in die Hunderterspalte legt?

c) aus der Zehnerspalte zwei Plättchen in die Hunderterspalte und zwei Plättchen in die Einerspalte schiebt?

2 Zahline hat einen Sack voller Zahlen:

a) Wie viele Zahlen mit der Quersumme 5 sind in dem Sack?

b) Schreibe diese Zahlen der Größe nach auf. Beginne mit der kleinsten.

c) Betrachte die Zahlenfolge. Was fällt dir auf?

3 a) Schreibe nun alle möglichen Zahlen mit der Quersumme 6 der Größe nach auf. Vergleiche mit der in Aufgabe 2 gefundenen Regel.

b) Findest du in diesem Zahlenraum eine weitere Regel?

4 Suche in Zahlines Sack diese Zahlen:

a) *Zahlen, bei denen Zehner- und Einerziffer gleich sind.*

b) *Zahlen, bei denen die Zehnerziffer um 2 größer ist als die Einerziffer.*

c) *Zahlen, bei denen die Zehnerziffer halb so groß ist wie die Einerziffer.*

Schreibe alle Zahlen der Größe nach auf. Beginne mit der kleinsten. Dann gib zu jeder Zahl die Quersumme an. Findest du eine Regel?

5 Geheimzahlen öffnen den Tresor

a)

H	Z	E

Die Geheimzahl hat die Quersumme 21.

Auf der Hunderterstelle steht die größte gerade Ziffer. Halbiert man diese, so erhält man die Ziffer der Einerstelle.

b)

H	Z	E

Die Geheimzahl hat die Quersumme 17.
Die Ziffern der Hunderter- und Einerstelle sind gleich.
Auf der Zehnerstelle steht die Ziffer 5.

c)

H	Z	E

Die Geheimzahl hat die Quersumme 27.

d) Kann die Geheimzahl auch die Quersumme 28 haben?

6 Zahlenrätsel

a) *Meine Zahl hat doppelt so viele Zehner wie Hunderter und halb so viele Einer wie Hunderter. Es sind 4 Zehner.*

b) *Die Einerziffer meiner Zahl ist 2. Die Zehnerziffer ist doppelt so groß wie die Einerziffer und halb so groß wie die Hunderterziffer.*

c) *In der Hunderterstelle steht 1. Der Zehner ist um zwei größer und der Hunderter um zwei kleiner als der Einer.*

Einstieg zum „Kreativen Problemlösen" mit der Stellenwerttafel und mit Quersummen auf den Seiten 46 und 49.

Gleiches Zeichen, Sudokus und Zauberquadrate

1 Gleiches Zeichen – gleiche Ziffer:
Die Lösungen gelten für alle drei Aufgaben.

a) 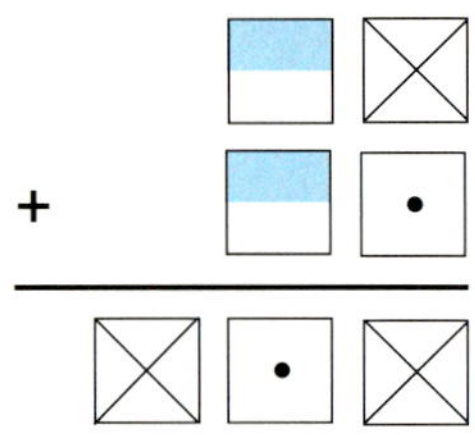

b) 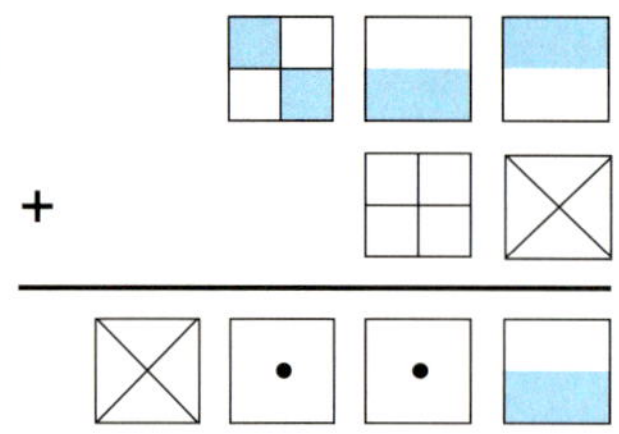

c) 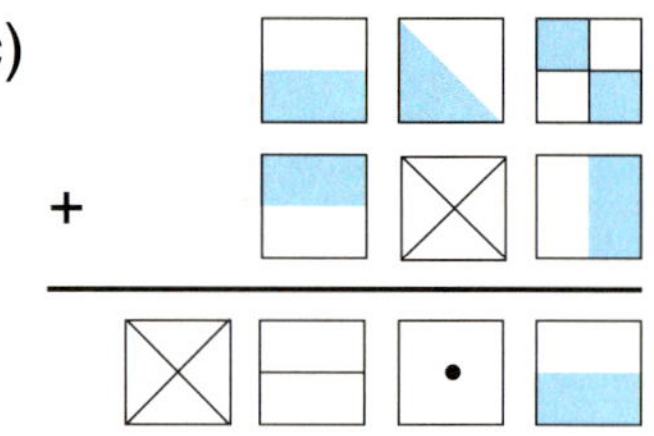

2 Sudoku

a)

■	6	■	1	4	2
3	■	■	5	■	6
2	■	6	■	5	■
1	■	5	3	■	4
4	■	■	■	2	■
■	5	■	2	■	1

b)

1	■	2	4	■	6
■	2	6	■	3	■
■	6	■	5	2	1
3	5	■	■	■	■
6	■	5	■	4	■
■	4	■	3	6	5

c)

■	5	■	2	3	1
4	■	1	6	■	5
■	2	5	■	6	■
■	1	6	4	■	■
3	■	2	■	1	■
■	6	3	■	4	■

d)

■	■	■	3	■	4
1	3	■	■	6	■
■	■	1	■	■	3
■	■	■	4	■	1
4	■	3	6	2	■
■	5	■	■	■	■

e)

1	3	■	4	■	6
5	■	6	■	3	4
■	6	3	■	■	1
■	■	■	6	■	2
■	■	5	■	4	■
2	4	■	3	■	5

f)

6	■	4	2	■	1
■	3	1	■	2	5
1	■	■	3	6	■
2	■	■	■	5	3
■	4	■	■	■	■
5	■	■	1	■	2

3 Zauberquadrate

a)

340	■	140	■
■	300	■	■
■	220	■	260
100	■	380	160

Ergebnis: 1000

b)

■	■	90	350
■	250	■	130
■	170	150	■
50	310	■	■

Ergebnis: 800

c)

■	50	■	330
170	■	210	110
■	150	130	■
30	■	310	■

Ergebnis: ■

d)

133	■	■	224
■	154	■	147
217	175	210	■
140	196	■	231

Ergebnis: ■

e)

■	213	■	222
228	■	■	189
■	201	■	■
186	■	195	■

Ergebnis: 816

f)

196	■	216	■
■	208	■	■
■	220	■	192
200	■	212	252

Ergebnis: 896

g)

204	■	224	■
■	216	■	212
■	228	248	■
208	■	220	■

Ergebnis: 928

h)

■	259	■	280
294	■	245	203
■	231	■	■
196	■	217	■

Ergebnis: ■

Einstieg zu „Gleiches Zeichen, gleiche Ziffer" auf Seite 78, zu „Sudoku" auf Seite 93 und zu „Zauberquadraten" auf Seite 85.

1

Rechne immer mit den Ziffern des Ergebnisses weiter: Größte Zahl minus Spiegelzahl.
Wie viele verschiedene Wagen kannst du anhängen?

2 Zahline untersucht die Minus-Züge. Sie macht drei Entdeckungen:

Bei den Ergebnissen steht in der Mitte immer
Die beiden anderen Ziffern zusammen ergeben immer
Von Wagen zu Wagen

3

Größte Zahl **minus** Spiegelzahl

$$\begin{array}{r} 976 \\ -\ 679 \\ \hline 297 \end{array}$$

Ergebnis **plus** Spiegelzahl

$$\begin{array}{r} 297 \\ +\ 792 \\ \hline \end{array}$$

4 Rechne mit diesen Ziffernkärtchen.

a) 5 3 9 b) 1 5 8 c) 6 4 8

5 Wähle selbst drei Ziffernkärtchen und rechne ebenso.

6

7

Einstieg zu „Minus-Züge“ auf Seite 101 und zu „Zahlenmauern“ auf Seite 102.

Aufgaben des kleinen Einmaleins auswendig wissen

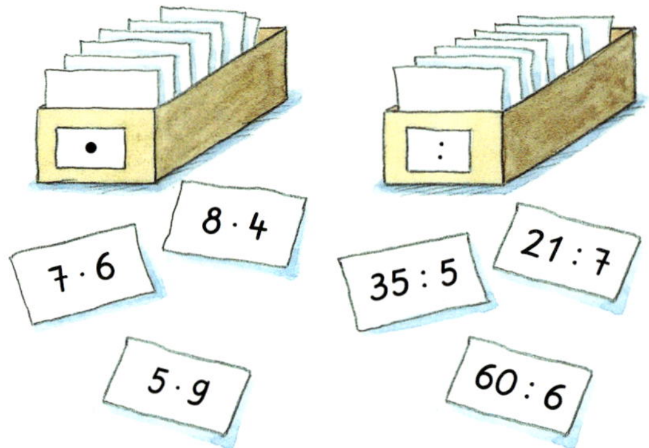

Fachbegriffe richtig anwenden

Vielfache von 3: 3, 6, 9, 12, …
Vielfache von 9: 9, 18, 27, 36, …
Das Dreifache von 8: 3 · 8 = 24
Das Fünffache von 6: 5 · 6 = 30

Teiler von 12: 1, 2, 3, 4, 6, 12
Teiler von 17: 1, 17
Der 4. Teil von 20: 20 : 4 = 5
Der 8. Teil von 56: 56 : 8 = 7

Den Zahlenraum bis 1000 kennen

0 100 200 300 400 500 600 700 800 900 1000

Zahlen vergleichen

>	größer als	425 > 395
<	kleiner als	101 < 1000
=	ist gleich	814 = 814

Zahlen ordnen

880, 707, 770, 808, 187, 178

178 < 187 < 707 < 770 < 808 < 880
880 > 808 > 770 > 707 > 187 > 178

Nachbarzahlen bestimmen

Vorgänger	Zahl	Nachfolger
183	184	185
299		
		711

Nachbarzehner	Zahl	Nachbarzehner
780	784	790
	311	
	599	

Zahlenfolgen bilden

543, 544, 545, 546, …
672, 676, 680, 684, …
914, 909, 904, 899, …

Schriftlich zusammenzählen

5 + 8 = 13
3 an,
1 gemerkt
1 + 3 = 4

1

```
  415
+ 328
   1
-----
  743
```

Überschlag:
400 + 300 = 700

2

```
  348
+ 277
  11
-----
  625
```

Überschlag:
300 + 300 = 600

3 Entscheiden, ob im Kopf oder schriftlich gerechnet wird.

a)	b)
500 + 228	430 + 250
583 + 74	397 + 81
299 + 300	299 + 598
368 + 474	108 + 802

Schriftlich abziehen

3 – 7 geht nicht;
1 herüber, bleibt 3;
13 - 7 = 6

1

```
   3
  2 4̸ 3
- 1 2 7
-------
  1 1 6
```

Überschlag:
200 – 100 = 100

2

```
  7 6
  8̸ 7̸ 3
- 4 9 5
-------
  3 7 8
```

Überschlag:
900 – 500 = 400

3 Entscheiden, ob im Kopf oder schriftlich gerechnet wird.

a)	b)
800 – 199	605 – 168
940 – 210	804 – 256
738 – 315	670 – 430
400 – 201	1000 – 672

Diese Aufgaben sollen die Kinder auswendig wissen oder automatisiert lösen können.